Zeitgeschichten

Zeit geschichten

DAS DORF MUNTELIER UND SEINE UHRENINDUSTRIE

Corinne Aeberhard • Urs Haenni • Markus F. Rubli

Gemeinde Muntelier
Deutschfreiburger Heimatkundeverein

CORINNE AEBERHARD, geboren 1970, Diplomausbildung Journalismus am Medienausbildungszentrum (MAZ) in Luzern, dann Redaktorin BR für den Seebezirk bei den Freiburger Nachrichten. Anschliessend Studiengang Pressefotografie am MAZ. Ständige Mitarbeiterin bei den Freiburger Nachrichten und freie Pressefotografin. Langzeitfotoprojekt über die Gemeinde Clavaleyres.

URS HAENNI, geboren 1967, Master in International Journalism, Baylor University, Waco, Texas (1993). 1994 bis 2002 Redaktor Freiburger Nachrichten für den Seebezirk. Seit 2002 Analyst beim VBS. Freier Mitarbeiter Freiburger Nachrichten. Publikationen: «Fischerlatein» (2003), «Die Butter im Blickpunkt» (2003).

MARKUS F. RUBLI, geboren 1954, gelernter Buchhändler, Inhaber eines Buch- und Zeitschriftenverlages. Seit 1986 nebenamtlicher Stadtarchivar in Murten. Autor zahlreicher Bücher und Beiträge über Murten und das Murtenbiet sowie historischer Berner Themen.

Publikation im Rahmen der Schriften zur Lokalgeschichte der Gemeinde Muntelier, gemäss Beschluss der Gemeindeversammlung vom 27. November 2008.

DEUTSCHFREIBURGER HEIMATKUNDEVEREIN

Band 75 der Deutschfreiburger Beiträge zur Heimatkunde

Die Herausgabe dieses Werkes wurde unterstützt von

VALIANT Valiant Bank, Murten

Herausgeber
Gemeinde Muntelier und Deutschfreiburger Heimatkundeverein

Bezugsquellen
Gemeinde Muntelier, Gemeindeschreiberei, Hauptstrasse 67, 3286 Muntelier
Deutschfreiburger Heimatkundeverein, Postfach 431, 1701 Freiburg

Gesamtherstellung
Paulusdruckerei, Freiburg

ISBN 978-3-9523711-0-7

Inhaltsverzeichnis

Vorwort

GEMEINDERAT MUNTELIER

Drei Jahre nach Gründung des Bundesstaates Schweiz, mit dem Inkrafttreten der Bundesverfassung und der Wahl des ersten Bundesrates, ist die Uhrmacherei in Muntelier heimisch geworden.

Bis zu diesem Zeitpunkt waren die hauptsächlichen Erwerbsmöglichkeiten einzig die Landwirtschaft und die Fischerei. Mit der Industrialisierung enstand ein neuer Erwerbszweig, welcher die Bedeutung für die Gegend bzw. Muntelier unterstreicht.

Mit dem vorliegenden Werk «Zeitgeschichten. Das Dorf Muntelier und seine Uhrenindustrie» wurde nach dem «Fischerlatein» von Urs Haenni (2003) das zweite Buch zur neueren Geschichte unseres Dorfes Muntelier verfasst.

Die beiden Autoren Urs Haenni, Journalist, sowie Markus F. Rubli, Archivar, haben es verstanden ein Werk zu schaffen, welches auf unterhaltsame Weise in diese für die Gegend am Murtensee, Freiburgs und aber auch für die gesamte Schweiz sehr wichtigen Zeitabschnitt der Industrialisierung fällt.

Den Verfassern Urs Haenni und Markus F. Rubli sowie der Fotografin Corinne Aeberhard möchte ich im Namen des Gemeinderates und den Einwohnern von Muntelier für das gelungene Werk herzlich danken.

Muntelier, Juli 2010

ROGER EKMANN
Gemeindepräsident

Vorwort

DEUTSCHFREIBURGER HEIMATKUNDEVEREIN

Es ist schon eine Zeitlang her, seit der Deutschfreiburger Heimatkundeverein seine Jahrespublikation ganz auf eine bestimmte Gemeinde fokussiert hat. In den Jahren 1984 und 1988 wurden Tafers und Jaun vorgestellt, nun steht die Seebezirkler Gemeinde Muntelier im Vordergrund. Doch in der Zwischenzeit haben erfreulicherweise zahlreiche Gemeinden aus Deutschfreiburg die Initiative ergriffen, sich selbst, mit ihrer Geschichte und ihrem spezifischen Charakter, in eigenen Publikationen darzustellen. Deren reichhaltige Dorfchroniken und Stadtgeschichten wie auch Schriften zu Einzelobjekten sind ein wirksamer Beitrag zur Behauptung der Identität einer Ortschaft.

Das vorliegende Buch war ursprünglich als Publikation der Gemeinde Muntelier hauptsächlich für die örtliche Bevölkerung bestimmt. Dass der Deutschfreiburger Heimatkundeverein nun beim Projekt «Zeitgeschichten. Das Dorf Muntelier und seine Uhrenindustrie» mitsegelt, hat seine guten Gründe. Die Thematik hat eine Tragweite, die über das Lokale hinausgeht, indem hier eine lang dauernde Industriegeschichte an Hand der Archive wie auch aus der Erinnerung beleuchtet wird, die heute noch besteht. Vor allem aber lassen sich an Hand der «Montilier Watch» mitsamt der Geschichte ihrer Vorgänger- und Nachfolgefirmen gewisse Vorurteile relativieren bezüglich der vermeintlich einseitigen wirtschaftlichen Ausrichtung des Kantons Freiburgs. Dass um 1900 bis gegen 600 Personen für die Uhrenfabrik am Murtensee arbeiteten, zeigt klar, dass die Industrialisierung und die Idee einer aktiven Exporttätigkeit früh im Kanton Fuss gefasst hatten, dass man hier also mit der Zeit zu gehen wusste.

ALAIN GRANDJEAN • CHRISTIAN MEIER
Co-Präsidenten des Deutschfreiburger Heimatkundevereins

Fabrikstrasse

PORTRÄT EINER STRASSE ZWISCHEN SPITZENTECHNOLOGIE UND ABSINTH-GELAGEN

1

Kleine Armbanduhr für Herren, Durchmesser 3 cm, Gold 18 Karat. Versilbertes Zifferblatt mit kleiner Sekunde, gebläute Zeiger, vernickeltes Ankerwerk mit 15 Steinen. Um 1945.

Wie viele Namen der Bach hat, welcher von der Ochsenkreuzung her einen grossen Bogen durch die Wiese zeichnet, fast noch unberührt, schön bestockt, dann unter der Fabrikstrasse hindurchfliesst, mitten durch das Quartier Marcoup, und weiter unten in den See mündet – man weiss es nicht genau.

Nach Kenntnisstand von Wildhüter Elmar Bürgy heisst der Bach kurz nach dem Entspringen in der Grissachmatt auf Salvenacher Boden

Münchenwilerbächli und oberhalb des Sekundarschulzentrums Prehlbach. Der Bach werde beim Prehl geteilt, so Bürgy, dann fliesst ein Teil davon als Mühlebach, bringt das Mühlerad beim Museum zum Drehen und speist schliesslich die Hechtaufzucht beim See. Der andere Teil fliesst über den Pra-Pury-Weiher weiter, heisst dann Rugangbach, wird beim heutigen Wohnquartier zum Marcoupbach und ist schliesslich bei der Mündung unterhalb des Dorfzentrums der Muntelierbach.

Die Fabrik ist verschwunden, die Fabrikstrasse aber behält ihren Platz im Zentrum Munteliers.

Gewiss hat man diesen Wasserlauf früher auch einmal Fabrikbach genannt.

Wo der Bach bei der Wiese oberhalb des Marcoup-Quartiers im Boden verschwindet und unter Wohnhäusern durchfliesst, da mündete der Bach zur Zeit der Uhrenfabrik in einen Kanal direkt unter der Fabrik. Das Gewässer war für die Uhrenfabrik betrieblich wohl nicht unbedingt notwendig, Uhrmacher Werner Habegger sagt aber, dass die Nähe zum Bach vor allem für die Härterei praktisch war. «Es war dort glühig; man brauchte Wasser und Öl zum Kühlen. Natürlich war nicht immer alles sauber, was in den Bach zurückfloss.»

Fabrikarbeiterin Vreni Wieland erinnert sich, dass sich die Toilette für die Angestellten nicht in der Fabrik befand, sondern in einem kleinen Häuschen direkt über dem Bach: «Die Toilette hatte den Abfluss direkt in den Bach. Im Winter ist man an der Toilette manchmal fast angefroren.»

Nicht mal die Familie des Portiers hatte eine Toilette, weiss Trudy Giauque, welche oft bei Portiers Tochter zu Besuch war. «Man hat in den Schüttstein byslet, darunter stellten sie einen Eimer.» Für ein «grosses Geschäft» habe man um das Gebäude herumlaufen müssen. «Es hatte ungefähr fünf Plumpsklos, direkt über dem Bach», so Giauque. «Germaine Löffel, welche im Büro der Fabrik arbeitete, wollte nie soweit zur Toilette laufen. Sie verklemmte es sich immer. Im Alter litt sie dann an einer Blasenentzündung.»

Bei Hochwasser mitten durch die Fabrik

Der Bach hatte wohl für den Uhrenbetrieb keine entscheidende Wichtigkeit. Dennoch ist es kein Zufall, dass die Fabrik direkt über dem Bach gebaut wurde. Bevor nämlich das grosse Fabrikgebäude gebaut wurde, stand bis Mitte des 19. Jahrhunderts am Bach eine Rotfärberei, deren Betrieb auf Wasser angewiesen war. In dieser Rotfärberei wurde das erste Muntelierer Atelier zur Herstellung von Uhren eingerichtet.

Auch sonst spielte der Bach entlang seines gesamten Laufs eine wichtige Rolle für Industrie und Gewerbe. Im Bereich Prehl war in früheren Zeiten eine Gerberei auf das Wasser des Bachs angewiesen, beim Pra Pury profitierte ein Sägereibetrieb vom Bach, und ganz zuunterst beim See in Muntelier, im so genannten Kramer-Haus, waren ein Atelier zur Herstellung von Uhrensteinen sowie im Erdgeschoss eine mechanische Werkstatt untergebracht. Genau an jener Stelle konnte man das Wasser des Bachs mit einem Holzschieber stauen und für gewünschte Zwecke nutzen.

Es mag wohl Zufall sein, ist aber dennoch symptomatisch, dass am gleichen Bach, der früher unter der Uhrenfabrik floss, ein neues Schulzentrum nach architektonischem Vorbild eines Industriebaus entstand. Bei der Einweihung der OS Region Murten sprachen die Bauverantwortlichen von einer «Denkfabrik».

Mit einem Schieber konnte der Muntelierbach beim Uhrenstein-Atelier gestaut werden.

Der Uhrenfabrik Muntelier aber brachte der Bach fast mehr Sorgen als Nutzen. Hans Fasnacht hat der Feuerwehr Muntelier als Vize-Kommandant gedient und sagt: «Wir haben in der Feuerwehr mit dem Bach viel erlebt. Bei Hochwasser floss er oft mitten durch die Uhrenfabrik.» Er und der damalige Kommandant Ernst Fasnacht hätten aber mit der Zeit Routine bekommen und bei Kontrollen in der Fabrik jeweils darauf geachtet, dass in der Linie des Bachs nichts verbarrikadiert war. «Wenn der Bach wieder kam, liessen wir die Maschinen raufstellen, haben die Türen geöffnet, der Bach floss durch die Fabrik, und so gab es am wenigsten Schaden.»

Ein Hochwasser in diesem Gebiet soll heute nicht mehr möglich sein. Wildhüter Elmar Bürgy gibt zwar zu bedenken, dass der Oberlauf des Bachs

Durch ein Regulierwerk wird das Marcoup-Quartier vor Überschwemmungen geschützt.

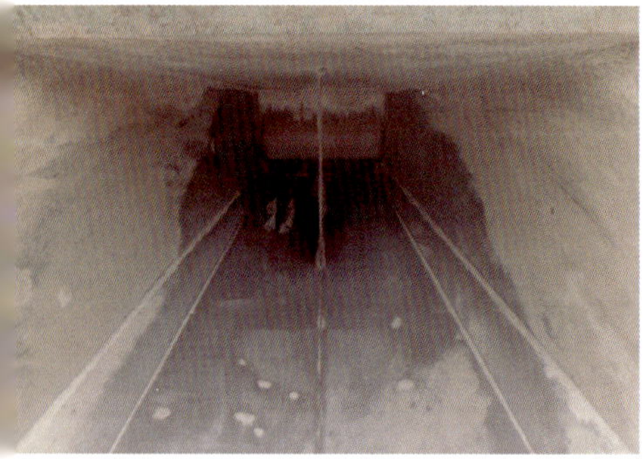

Früher floss der Bach unter der Fabrik, heute unter dem Wohnquartier hindurch.

Wasser aus einem grossen Zuflussgebiet sammelt, unterhalb von Münchenwiler sogar Autobahnwasser. Im Prehl aber schützt und reguliert ein Rückhaltebecken, und in Muntelier sorgt ein Einlaufwerk mit Schieber dafür, dass die Abflussmenge Richtung Marcoup kontrolliert werden kann. Wenn zuviel Wasser fliesst, wird dieses durch ein Riesenrohr unterirdisch unter dem Marcoup-Bach Richtung See geleitet.

So ist der Muntelierbach unterhalb des ehemaligen Fabrikgeländes nur noch ein Rinnsal. Oben beim Pra Pury wird eine Forellenaufzucht betrieben, in Muntelier aber schwimmen keine Fische mehr. Leblos ist der Bach trotzdem nicht. «Früher hatte es sicher Krebse, dazu zieht der Bach wirbellose Tiere an, Insekten. Ich wurde auch schon wegen einer Ringelnatter gerufen», erklärt Wildhüter Bürgy.

Nach der Uhrenfabrik ein «pueblo español»

Die Bachregulierung war Teil des Konzeptes beim Bau des Quartiers Marcoup. Als die nicht mehr genutzte Fabrik im November 1978 zur Versteigerung ausgeschrieben war, da kaufte der Laupener Generalunternehmer Werner Wigger das riesige Gelände für 900 000 Franken. Rund drei Wochen vor der Versteigerung sei die Fabrikruine noch einmal «saumässig überschwemmt gewesen», so Wigger.

Werner Wigger hatte zuvor im Kanton Bern, im See- und Sensebezirk schon verschiedene Überbauungen realisiert, und 1973 machte er an der spanischen Costa Blanca eine «urbanización», welche er 30 Jahre nebenbei betreute. Er habe einiges von der spanischen Mentalität aufgenommen, so Wigger, und er wollte auf dem Gelände der ehemaligen Uhrenfabrik ein «pueblo español» bauen.

Wigger tat sich mit dem Architekten Fritz Stauffer zusammen, mit dem er schon die Murtner Schützenmatte gebaut hatte. «Wir haben fast zwei Jahre rumgeübt. Ich wollte etwas Geschlossenes. Stauffer krampfte und arbeitete x Vorschläge aus. Die zündende Idee war aber dann die gedeckte Zufahrt für die Autos.»

Der Unternehmer und der Architekt arbeiteten ein Projekt aus mit 27 Häusern, unter denen es mindestens zwölf verschiedene Haustypen haben sollte. Oft wurde das Marcoup-Quartier als Nachbildung des Städtchens Murten angesehen, gemäss Wigger sei dies aber hinein interpretiert worden. Als Motto stand einzig und alleine das «pueblo español» mit dem Innenhof und dem offenen Bächlein.

Generalunternehmer Wigger sagt, er habe bei keiner anderen Überbauung eine solche Unterstützung erfahren, wie von der Gemeinde Muntelier beim Marcoup-Quartier. «Gemeindeschreiber Etzensberger war Feuer und Flamme für das Projekt», so Wigger. «Manchmal hatten wir fast den Eindruck, der Gemeindeschreiber sei Hilfsbauführer.»

So trug Ernest Etzensberger, der frühere Atelier-Chef aus der Uhrenfabrik, seinen Teil bei, dass auf dem Fabrikgelände neues Leben erwachte.

Die Wohnungen des Marcoup-Quartiers waren alle schon verkauft, als die Bauarbeiten 1983 beendet wurden. Unter den Käufern befanden sich gleich einige Handwerker, welche am Marcoup mitgearbeitet hatten.

Der übrig gebliebene Fabrikteil diente beim Bau des Marcoup-Quartiers als Baubüro.

Der Pfarrer Theo Schmid hat die Marcoup-Baustelle auf Öl festgehalten.

Ein Erbe der Jurassier Uhrentradition bleibt

Die Fabrikstrasse in Muntelier hat nach dem Abbruch der Uhrenfabrik bis heute einen gewerblich-industriellen Charakter behalten.

Wie zu Zeiten der Montilier Watch höchste Präzision bei der Herstellung von Uhren gefordert war, so zeichnet sich heute die Ruetschi Technology SA durch Präzisionsarbeit auf internationalen Niveau aus. Analog zur Montilier Watch und später zur Timor hat auch die Firma Ruetschi ihren Ursprung in der Uhrenindustrie von La Chaux-de-Fonds. Firmengründer Charles Ruetschi entwickelte dort Maschinen zum Schweissen kleiner Befestigungsstifte auf Uhrenzifferblättern. Später stellte die Einzelfirma Ruetschi dann Automaten zur Produktion von Drehteilen für die Uhrenindustrie her.

Erst mit dem Umzug in die Region Murten wurde die Ruetschi Präzisionstechnologie eine Aktiengesellschaft und widmete sich neu der Herstellung komplexer Teile für die Medizinaltechnik. Nach Fusionen, der Erweiterung auf neue Standorte und einem Erweiterungsbau sind der Hauptsitz und die Sparte Medizinaltechnik nun an der Fabrikstrasse in Muntelier beheimatet.

Der Abbruch des alten Fabrikgebäudes 1980.

Unmittelbar nördlich des Ruetschi-Gebäudes hatte die Fabrik der ehemaligen Uhrenfirma Timor bis 1989 als Zulieferer für die Schweizer Uhrenindustrie gedient. Der Unternehmer Gilbert Montani hatte das Gebäude zu Beginn der 1980er-Jahre gekauft. Er vermietete das Obergeschoss als Uhrenatelier, während er im Sockelteil Textilien der Marken Light und Oskosh und im Untergeschoss Baron-Gilles-Kosmetika lagerte.

In der Nacht vom 18. auf den 19. Mai 1989 fiel das Gebäude einem Brand zum Opfer. «Es war ein dubioser Fall und konnte nie geklärt werden», so Montani. «Man hat herausgefunden, dass das Feuer im hinteren Teil ausgebrochen ist, und es sei auch ein Auto, wohl ein Alfa Romeo, gesehen worden.»

Montani sagt, er habe einen wirtschaftlichen Schaden erlitten, da er seine Lager erst kurz zuvor gezügelt hatte und diese nicht versichert gewesen seien.

Das abgebrannte Timor-Gebäude sei zum Teil von der Armee geräumt worden. Man habe in der Ruine noch Übungen durchgeführt. Montanis ursprüngliche Idee für den Standort sei ein Business-Center gewesen, mit Büros für verschiedene Firmen und einem gemeinsamen Empfang. «Es war aber gerade eine Zeit der Rezession, und die Nachfrage nach Büroräumen war nicht besonders gross», sagt Montani. Statt eines Business-Centers entstand deshalb das markante Seepark-Hotel mit seinen dunklen Glasfassaden.

Kegeln vor dem «Industrie»

Mit dem «Seepark» kehrte nach fast 60 Jahren die Gastronomie wieder an die Fabrikstrasse zurück. Bereits zu den frühen Zeiten der Montilier Watch bis 1932 empfing nämlich das «Café de l'Industrie» Gäste. Dieses befand sich da, wo die Firma Veyre später eine Chemische Textilreinigung einrichtete. Bei den Räumlichkeiten handelt es sich aber nicht um den heute gewerblich genutzten Anbau, sondern um das Erdgeschoss des dahinter liegenden Wohnhauses. Marcel Veyre sagt, dass das Gebäude erst kürzlich im Rahmen einer Neunummerierung der Fabrikstrasse zugeordnet worden ist. Zuvor gehörte das Gebäude zur Hauptstrasse, und in diese Richtung war auch der Eingang des früheren «Café de l'Industrie» gelegen.

Marcel Veyre weiss von seinen Eltern, dass im «Industrie» ein Tanzsaal die Gäste lockte und auf dem jetzt zum Parkieren genutzten Vorplatz jeweils eine Kegelbahn aufgestellt wurde. Der 2008 verstorbene Uhrmacher Max Fasnacht, der einige Jahre in einem oberen Stockwerk dieses Gebäudes gewohnt hatte, sagte, er habe als Junger auf dieser Kegelbahn noch Kegel gestellt und so zusätzlich etwas verdient. Das «Industrie» hatte er so in Erinnerung: «Die Wirtschaft war nicht breit, eher wie ein Schlauch gegen hinten. Es hatte immer viele Uhrenarbeiter drin. Es war Mode, nach der Arbeit in die Wirtschaft zu gehen.»

Auch Walter Urben weiss: «Das ‹Industrie› war nicht gross. Die Wirte haben auch nie gekocht.» Trotzdem hätten die Fabrikarbeiter jeweils oft den ganzen Lohn dort liegenlassen. «Mein Grossvater hat kaum Geld heimgebracht», so Urben. «Der hat alles dort verbraten.»

Bei der Uhrenfabrik habe es im unteren Teil ein Loch im Zaun gehabt, sagt Urben. «Die sind dann manchmal direkt von der Fabrik durch dieses Loch hinten herum ins ‹Industrie› geschlichen.»

Die Uhrenarbeiter müssen bisweilen einen etwas unheimlichen Eindruck gemacht haben. Irma Glauser, die Tochter des Uhrenstein-Herstellers Paul Helfer, wuchs in einem Haus an der Hauptstrasse auf, mit dem Garten und einem Plumpsklo hinten gegen die Fabrik hinaus. Oft sei es vorgekommen, dass die Fabrikarbeiter vom «Industrie» nachts durch den Garten ihr Klo benutzten, so dass das Mädchen immer Angst hatte, im Dunkeln dorthin zu gehen.

Das «Café de l'Industrie» übte auf die Fabrikarbeiter eine grosse Anziehungskraft aus.

Erwin Fasnacht weiss, dass auch sein Grossvater, welcher vor dem Zweiten Weltkrieg in der Uhrenfabrik gearbeitet hatte, vom «Café de l'Industrie» wie magisch angezogen war. «Es war berüchtigt. Man hat dort Absinth getrunken», so Fasnacht. «Alle zwei Wochen erhielten die Fabrikarbeiter samstags zum Feierabend ihren Lohn, und dann hat Grossmutter ihren Mann jeweils vor der Wirtschaft abgepasst und ihm den Lohn direkt aus der Tasche genommen.»

Frau Schmid und ihr Liebeskummer

André Stöckli hatte von seinen älteren Arbeitskollegen immer wieder Geschichten über das «Industrie» gehört. «Beliebt war es vor allem bei den Uhrmachern aus La Chaux-de-Fonds», weiss Stöckli. «Wenn der Zahltag kam, sind die über das gesamte Wochenende da drin versumpft, bis sie am Montagmorgen wieder zur Arbeit mussten.»

Dass das «Café de l'Industrie» mitschuldig für die wirtschaftliche Misere vieler Muntelierer war, weiss auch Trudy Giauque. Arbeiter, die mit dem Zahltag direkt in die Wirtschaft gingen, mussten damit manchmal erst die offenen Rechnungen vom letzten Mal bezahlen. Für die Familien blieb dann häufig nichts mehr übrig.

Trudy Giauque mag sich an die letzte Wirtin des «Industrie» erinnern. Eine Frau Schmid. «Die hatte einmal Liebeskummer. Kurz zuvor waren zwei Frauen im See ertrunken, und auch Frau Schmid wollte sich im See ersäufen. Sie lief bis zur ‹Munggstäge›, wo es eine Tafel hatte ‹Achtung Tiefe›. Da rief die Wirtin so laut sie konnte: ‹Au secours!›, damit man sie retten würde.»

Als das «Café de l'Industrie» seine Türen schloss, war der Betrieb nicht mehr derselbe wie früher, so Giauque. «Die Wirtin hatte schon ein gewisses Alter, das Radio kam auf, und die Leute gingen nicht mehr so oft in die Wirtschaft.»

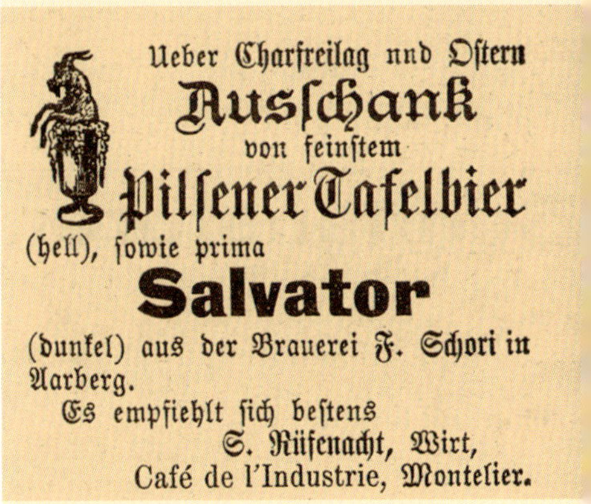

Das «Industrie» war auch an Karfreitag und Ostern geöffnet.

Traum und harte Realität

URSPRÜNGLICH SOLLTE DIE WICHTIGE OST-WEST-STRECKE DER NEUEN EISENBAHN ÜBER MURTEN FÜHREN

2

Taschenuhr bezeichnet Dl. Roggen A MORAT, Silbergehäuse, Schlüsselaufzug, Kalenderanzeige, um 1790. Der Murtenburger Daniel Roggen wurde 1749 geboren. In den Akten erwähnte man ihn als Gürtler (Messinggiesser) und Uhrmacher. In Murten gab es verschiedene Kunsthandwerker, die ihre Produkte auch ausserhalb der Region verkauften. Die Uhr hängt an einer Porte-montre in Form eines Adlers, bronzierter Zinkguss auf Holzsockel, um 1900.

David Schmutz, Handelsschulleiter in Murten, danach Banquier in Freiburg und ab 1845 wieder in Murten als Eigentümer eines Kaltwasser-Kurbades an der Ryf, machte die Behörden darauf aufmerksam, dass die Linienplanung für die künftige Eisenbahn in Arbeit sei. Am 20. Januar 1846 bedankte sich der Murtner Gemeinderat für den Anstoss und schrieb, dass im «Interesse unserer Industrie die Nothwendigkeit einer directen Bethätigung bey der überall angeregten Eisenbahnfrage» anerkannt werden müsse. Die honorablen Herren Räte wiesen den Vorstoss des quirligen Unternehmers umgehend an die Finanzkommission zur Prüfung. Diese schlug dem Rat vor, dass eine Spezialkommission geschaffen werden sollte, die sich mit der Eisenbahnfrage zu beschäftigen habe. Wer in dieses kleine Gremium berufen wurde, lässt aufhorchen. Es war kein Geringerer als Carl Friedrich Chatoney, der später in der Freiburger Kantonsregierung sass und der den Kanton Freiburg im Jahre 1848 im neu geschaffenen Bundesstaat gar als Ständerat vertrat. Das zweite Mitglied war Julius Heinrich Friolet, erfolgreicher und vermögender Speditionskaufmann an der Ryf, sowie der nicht näher bekannte Murtenburger Jakob Baudenbacher. Dieses Trio erhielt den Auftrag, David Schmutz zu allen Sitzungen beizuziehen, und teilte ihm mit: «Bei Ihrem anerkannten Streben für die Hebung des industriellen Wohls unseres Bezirks zweifeln wir nicht, daß Sie diesem Rufe entsprechen und die niedergesezte Commißion mit Ihrer Gegenwart beehren werden.» Bald danach wurde Schmutz in ein Zentralkomitee Aare und Broye zu den Eisenbahn-Planungsarbeiten delegiert.

Interessant ist jedoch das Faktum, dass es 1846 im Murtenbiet noch gar keine Industrie- oder Fabrikationsbetriebe im eigentlichen Sinne gab. In den Dörfern lebte man hauptsächlich von der Landwirtschaft auf meist kleinen Bauernbetrieben. Die wenigen grossen Schlossgüter waren fest in patrizischer Hand: Löwenberg gehörte den de Rougemonts, Münchenwiler den von Graffenried-Villars und Greng den Grafen de Pourtalès. In den Landgemeinden des Bezirks Murten fand man Wagner, Schmiede, Schuster und viele Handwerker mehr. Das Gewerbe bestand aus kapitalintensiveren Mühlen, Walken, Knochenstampfen, Holzsägen oder Ziegeleien. Ähnlich im Bezirkshauptort. Auch hier bestimmte die Landwirtschaft das Bild und das Angebot beim Handwerk. Viele Stadtburger bearbeiteten selber noch ein Stück Land, deswegen waren in den Seitengassen des Städtchens noch bis weit ins 20. Jahrhundert hinein etliche Ökonomiegebäude und Remisen anzutreffen. Im Wistenlach, wo der Wein- und Landbau vorherrschte, war es ähnlich. Hier besassen ebenfalls einige patrizische Familien grössere Rebgüter. Seit jeher an wichtigen Verkehrsadern gelegen, hatte das Speditionswesen und der Transithandel eine grosse Bedeutung für Murten. Mehrere Handelshäuser machten gute Geschäfte als Grossisten für Kolonialwaren, Öl, Wein, Tuch, Baumwolle und vielerlei mehr. Aber auch spezialisierte Handwerker wie geschickte Büchsenmacher, Silberschmiede oder Uhrenmacher waren hier ansässig, die ihre teils kunsthandwerklich anspruchsvollen Produkte in Murten und auf den Märkten in Bern und Freiburg feilboten.

Seit 1824 gab es in Murten eine Sparkasse und seit den frühen 1850er-Jahren eine eigene Zeitung, die heute noch besteht. Bedeutendere Gewerbebetriebe waren noch wenig anzutreffen. Eine grössere Gerberei mit überregionaler Ausstrahlung befand sich im Prehl. Ebenfalls in Murten, an der Ryf, gab es die Absinthdestillerie der Gebrüder Henri und Scipion Petitpierre, deren hochprozentige Wässerchen weitherum verschickt wurden, während die Bierbrauerei, die ebenfalls zur Firma Petitpierre gehörte, wie fast überall nur für den lokalen Bedarf arbeitete.

Werbeplakat für den Absinth der Destillerie Petitpierre an der Murtner Ryf. Um 1870.

Interessant ist, dass das Dorf Muntelier, das hauptsächlich von der Fischerei und der Landwirtschaft lebte, ebenfalls bedeutendere Gewerbeaktivitäten auf seinem Gemeindegebiet beherbergte. So eine Bierbrauerei und im Marcoup die Färberei Erath & Cie., die einige Jahre recht erfolgreich geschäftete. Ferner den Arzt Dr. Daniel Gerhard Fasnacht, der kurz vor 1840 begann Bleiweiss sowie Kupfer- und Eisenvitriol herzustellen. Johann Friedrich Ludwig Engelhard, der bedeutendste Murtner im 19. Jahrhundert, schrieb in seiner 1840 erschienenen Darstellung über den Bezirk Murten: «Ein beträchtlicher Transit, stark besuchte Wochen- und Jahrmärkte beleben den Ort und gewähren einen bedeutenden Absatz. Alles lässt hoffen, dass die hiesige Industrie immer mehr zunehmen wird, wozu die kürzlich erbaute Strasse über das Moos nach Ins, die projektierte Tieferlegung des Bettes der Broye bei ihrem Einflusse in den Neuenburgersee, welcher die Schifffahrt begünstigen wird; dann die im Wurfe liegenden Korrektionen der Strasse nach Bern und der Bau einer Brücke über die Saane bei Bon das Ihre beitragen werden.»

Die Schweiz ist noch nicht reif

Wie stand es zu Beginn des Jahres 1846 in der Schweiz mit dem Bahnbau? In einem Wort: schlecht! Auf Schweizer Territorium zählte man zu diesem Zeitpunkt ein «Schienennetz» von ganzen 1800 Metern, die von der französischen Grenze bis nahe an die Stadt Basel führten. Finanziert von der Elsässischen Eisenbahngesellschaft, die ihre Strassburger-Line nicht irgendwo im Grünen enden lassen wollte. Der Bahnbau begann in Europa in den 1830er-Jahren und um 1840 stiessen längere Strecken bereits zusammen. England, zum Beispiel, zählte bereits 4000 km Schienen und das grosse Deutschland verfügte auch schon über ein Streckennetz von 2300 km. In der Schweiz wurden Diskussionen zum Thema geführt, wie das Beispiel Murten zeigt. Mehr aber nicht. Unser Land verfügte zwar über recht gute Strassen, erschwert wurde aber deren Benützung durch unglaublich viele Weg-, Stadt- und Brückenzölle. Im Jahre 1822 zählte man beispielsweise 400 inländische Zollstellen in der kleinräumig aufgeteilten Schweiz mit ihren sehr autonomen Kantonen. Gerade für ausländische Transporteure war das ein Schreck und sie umfuhren mehr und mehr die Schweiz. Das schwerfällige föderative System verhinderte nicht nur eine rasche Planung und Realisierung von modernen Transportmitteln wie die Eisenbahn, sondern verteuerte auch ungemein mit ihren Zöllen und der unrationellen Spedition die Industrieprodukte, die durch ihre grossen Stückzahlen auf einen weiträumigen Markt und günstige Transporte angewiesen waren. Die Schweiz war noch nicht reif für ein neues Transportmittel, zu stark war man mit sich selbst und allerlei Problemen hauptsächlich konfessioneller Natur beschäftigt. Der Sonderbundskrieg zwischen katholischen und reformierten Kantonen stand vor der Tür.

Im Sonderbund

Am 9. Juni 1846 beschloss der Grosse Rat des Kantons Freiburg beim katholischen Sonderbund mitzumachen. Der ganze Streit entzündete sich anfangs der 1840er-Jahre an den Klösteraufhebungen im Kanton Aargau, was schliesslich auch in der Vertreibung der Jesuiten mündete. Die katholischen Orte Luzern, Uri, Schwyz, Unterwalden, Zug, Wallis und eben Freiburg verbündeten sich und versprachen sich Waffenhilfe. Gleichzeitig nahmen sie Kontakte mit Frankreich, Savoyen und Österreich auf. Ein Bürgerkrieg, der letzte in unserem Lande, liess sich nicht mehr vermeiden.

Das reformierte Murtenbiet wehrte sich entschieden gegen die Freiburger Sonderbund-Mitgliedschaft. Am 25. Oktober 1846 versammelten sich mehrere hundert Männer aus Stadt und Land in der Deutschen Kirche zu Murten und verabschiedeten eine Resolution an die Regierung. Man sprach wiederum von der Trennung des Murtenbiets vom Kanton Freiburg, ein Thema, das gerade im 19. Jahrhundert immer wieder akut war. Federführend im Kampf gegen Freiburg waren dieses Mal die Murtner Lehrer. Das neue, 1839 fertig gestellte Schulhaus vor dem Berntor war sozusagen das Widerstandsnest, von wo aus die Behörden des Städtchens, aber auch wichtige Meinungsträger vom Land aufgestachelt wurden. Die Murtenbieter bewaffneten sich und zogen anfangs Januar Richtung Freiburg. Weitere Aufständische taten dasselbe von Bulle und Estavayer aus. Der Putsch scheiterte kläglich, die Murtenbieter wurden schon in Courtepin gestoppt und entwaffnet. Freiburgs Regierung belegte Murten mit einer astronomisch hohen Busse, die Dörfer kamen ungeschoren davon. Die Murtner Rädelsführer, hauptsächlich Lehrer, aber auch Gewerbler aus dem Städtchen wie David Schmutz, steckte man in Freiburg ins Gefängnis.

Die Mehrheit der Tagsatzung, das sind die reformierten und liberalen Orte, sahen ein Auseinanderbrechen der Schweiz auf sich zukommen. Am 7. August 1848 beschloss man die Auflösung des Sonderbunds mit Waffengewalt. Es wurden die eidgenössischen Truppen aufgeboten und unter den Befehl von General Henri Dufour gestellt. Die Sonderbündler wählten ebenfalls einen General für ihre Truppen. Für Dufour war es klar, dass schnell Entscheidungen fallen mussten, bevor sich die Regierungen der Nachbarstaaten einmischten. Bereits im November nahm Dufour Freiburg in die Zange und griff die Stadt an, die sich rasch ergab. Am 14. November erklärte Freiburg den Rücktritt vom Sonderbund. Es folgten Zug und bald darauf Luzern, was zur Ergebung der restlichen Sonderbundskantone führte. Nach 25 Tagen war der Krieg vorbei. Diesen Sieg nutzten die liberalen Stände zur längst fälligen Neuorganisation der Schweiz. Weg vom unbeweglichen Staatenbund, hin zur bundesstaatlichen Integration aller Orte mit zentralen Behörden. Am 27. Juni 1848 kam es zur feierlichen Gründung des heutigen Bundesstaates in Bern.

Die Bahnbauten werden konkret

Was den Siegern von Beginn an klar war, realisierten bald auch die Unterlegenen: die neuen Möglichkeiten, die die Reorganisation der Schweiz bot. Nach amerikanischem Vorbild führte man mit National- und Ständerat das Zweikammersystem ein und den Kantonen beliess man grosses Gewicht. Weit oben auf der Traktandenliste des neuen Bundesstaates stand der Bahnbau. Wohl realisierte man mit der sogenannten «Spanisch-Brötlibahn» von Zürich nach Baden eine Strecke im Landesinnern. 1849 lieferte der Engländer Robert Stephenson, Sohn des ersten Lokomotiverbauers, den Bundesbehörden ein Projekt ab, dessen Hauptachse von Basel über Olten – Solothurn – Lyss – Murten – Yverdon – Morges/Genf führen sollte. Murten hätte da jubilieren können, wäre es doch am wichtigsten Bahnstrang unseres Landes zu liegen gekommen! Geographisch die beste Lösung, politisch aber undenkbar. Von 1854 bis anfangs der 1860er-Jahre wurden die wichtigsten Linien von Basel und Zürich nach Olten bis Bern/Thun, bzw. Olten – Solothurn – Biel – Neuenburg – Yverdon – Lausanne – Genf vorangetrieben. Grosse Kontroversen entstanden um die Linienführung von Bern in die Westschweiz. Ursprünglich favorisierten die Planer die geographisch günstige Strecke Bern – Laupen – Murten – Payerne – Yverdon, um hier auf die bereits bestehende Line Yverdon – Lausanne – Genf zu treffen. Als Kantonshauptstadt liess sich Freiburg eine solche Planung nicht bieten und wehrte sich vehement für die Strecke quer durch den Kanton, von Bern, Freiburg, Romont, Oron nach Lausanne. Support bekam Freiburg von prominenter Stelle: der in den Nationalrat gewählte Alt-General Henri Dufour setzte sich aus strategischen Gründen dafür ein, dass die Bahnstrecke nicht auf einen Punkt – Yverdon – zuläuft, sondern dezentral direkt Lausanne ansteuert. Ebenfalls feurig, in einem dreistündigen (!) Referat, verwandte sich der Berner Bundesrat Jakob Stämpfli für Freiburg. Diese Linie wurde 1856 deutlich angenommen. Damit waren die Würfel gefallen. Murten und die umliegenden Dörfer gerieten verkehrstechnisch ins Abseits, was die wirtschaftliche Entwicklung enorm behinderte.

Freiburgs Mühe mit der Industrialisierung

Interessant ist die Tatsache, dass die ab 1862 verkehrstechnisch gut erschlossene Kantonshauptstadt Freiburg vorerst kaum von ihrer Lage profitierte. In den 1860er-Jahren siedelten sich da noch keine neuen Industrien an. Diese Vorreiterrolle kamen den von der Verkehrslage her ins Abseits gerutschten Gemeinden Muntelier und Murten zu.

Als Fabrikationsbetrieb galt damals die seit 1442 bestehende Papiermühle Marly, die aber erst um 1870 industriell für die moderne Papier- und Kartonherstellung ausgebaut wurde, 1922 jedoch ihre Tätigkeit einstellte. Eine Folge des Bahnbaus war 1871 die Gründung einer Kondensmilchfabrik in Düdingen, die bis zu 115 Personen beschäftigte. Kurz vor der Jahrhundertwende kam die Düdinger Ziegelei hinzu, die zu Beginn des 20. Jahrhunderts bis zu 120 Leute beschäftigte. In Freiburg bestand die Spielkartendruckerei Burdel, die noch bis anfangs der 1860er-Jahre tätig war, sowie eine Glasbläserei in Semsales.

Wichtig für die Energieversorgung wurde anfangs der 1870er-Jahre das Wasserkraftwerk des Neuenburgers Guillaume Ritter, der in der Magerau die Saane stauen liess und die grossen Stadtwaldungen Freiburgs erwarb. Die «Société générale des eaux et des forêts», aus der später die Freiburger Elektrizitätswerke (heute Groupe e) entstanden, versorgte die Stadt einerseits mit Trinkwasser und andererseits mit Turbinen-Energie für verschiedene neue Industrien im Pérolles-Quartier: einer Sägerei, der Giesserei, dem Kartonageunternehmen und einer Eisenbahnwagenfabrik. 1878 zählte der Kanton Freiburg insgesamt 23 Betriebe, die dem Fabrikgesetz unterstellt waren. Die Industrie spielte also erst eine kleine Rolle im Kanton, wie ein Blick in die Statistik zeigt: 1870 waren 32 444 Beschäftigte (66,4%) in der Landwirtschaft tätig, 11 706 (23,9%) in Fabrikation, Handwerk und Gewerbe und nur 4728 (9,7%) in der Dienstleistung.

Papierfabrik Marly bei Freiburg. Um 1909.

Gesichter einer Fabrik

OB BUCHHALTER, PORTIER, HEIZER, SEKRETÄRIN ODER DIREKTOR – ALLE HABEN SIE DIE GESCHICHTE DER MUNTELIERER UHRENFABRIK GEPRÄGT

3

Prototyp einer Montilier Fingerring-Schmuckuhr, Gold 18 Karat. Geschenk von Direktor Charles Christen an seine Ehefrau Edith. Um 1945. Der Geschäftsleiter war auch für die Modelle zuständig. Hin und wieder blieb es bei Prototypen, die Christen im Bekanntenkreis verkaufte oder wie hier selber verwendete.

Pierre Hans, Portier

Läutete die Sirene der Uhrenfabrik Muntelier zum Arbeitsbeginn, so mussten die Angestellten erst zur Loge beim Eingang einstempeln gehen. Beobachtet von einem grossen, schlanken Mann, immer mit Hut, dem Portier Pierre Hans. Er brachte Päcklein der Fabrik auf die Post, oft mit Hund und «Wägeli»; im Gegenzug brachte er Fabrikdirektor Christen Zigarren und

Zigaretten vom Bahnhof mit. Später hatte Pierre Hans ein Velo, und das Besondere daran war, dass er sich immer von hinten auf den Sattel schwang.

Erwin Fasnacht hatte engen Kontakt zu den Söhnen von Pierre Hans: Edi Hans, dem Velohersteller und Rennveranstalter, sowie Röbi Hans, dem späteren Lehrer an der Schweizer Schule in Brasilien. «Ich habe lange nicht gewusst, dass er Hans hiess», so Fasnacht. «Für mich war er immer der Herr Portier.»

Zum Herr Portier gab es auch die Frau Portier, im Gegensatz zu ihrem Mann eine kleine und bescheidene Frau, welche mithalf, wo es nur ging. Der Portier war protestantisch, die Kinder auch, aber Frau Portier blieb stets katholisch. Das war damals unüblich und brachte der Familie schon mal Besuch vom Pfarrer aus Murten. Wie der Portier den Pfarrer aus der kleinen Wohnung im ersten Stock der Fabrik die Treppe herunter jagte, fand in der Fabrik-Belegschaft grosse Beachtung.

Die Familie Hans mit dem Portier Pierre Hans (Mitte) hat in der Fabrik gewohnt.

«Obwohl Vater Hans einen miserablen Lohn hatte, wurde aus allen Kindern etwas Rechtes», staunt Erwin Fasnacht. Neben dem Lehrer und dem Velomensch gab es eine Tochter, welche später nach Neuenburg zog; einzig Sohn Paul starb jung. Die ganze Familie musste in der Uhrenfabrik mithelfen. Vater Pierre war Abwart, machte alles, was gerade anstand, und die Kinder mussten übers Wochenende helfen, die Fabrik zu putzen.

Portier Hans ist aber vor allem als ein Original in Erinnerung geblieben. Dazu trug beispielsweise seine Leidenschaft für den Rebberg hinter der Fabrik bei. «Clos du Clocheton» nannte er den Tropfen, der aus den Trauben vom Fabrikareal gepresst wurde. Und wenn er die Rebschere in der Hand hatte, habe er damit auch mal Amseln den Kopf abgeschnitten.

August Fasnacht-Coendet, Heizer

Wenn August Fasnacht als junger Knabe aus dem Fenster seines Elternhauses am «Schnäggliberg», dem Haus Nr. 12 am Gässli, schaute, so fiel sein Blick direkt auf das mächtige Fabrikgebäude. Er sah die Uhrenarbeiter am Morgen kommen und am Abend gehen, und so war es fast vorgezeichnet, dass August Fasnacht 1902 als 16-Jähriger in die Uhrenfabrik Muntelier eintrat.

Fasnacht begann als Arbeiter, bald aber war er dafür zuständig, dass die Uhrenfabrik geheizt wurde. Eine verantwortungsvolle Aufgabe, denn mit klammen Fingern in kalten Arbeitsräumen konnten Uhrmacher nicht arbeiten. Dies bedeutete, dass August Fasnacht in kalten Wintern oft schon um 3 Uhr morgens in die Fabrik musste, um zu heizen, erinnert sich sein Enkel Jürg Fasnacht. «Geheizt wurde mit Kohle, welche waggonweise herangekarrt wurde», so Fasnacht. In der wärmeren Jahreszeit half August Fasnacht, inzwischen mit Marie Coendet von der Burg verheiratet, dem Portier bei Abwartarbeiten.

Später wurde die Heizerei einfacher, weiss Jürg Fasnacht, und deshalb übernahm sein Grossvater auch Arbeiten an der lärmigen Stanzmaschine. Wohl hatte August Fasnacht den notwendigen Respekt vor dieser Maschine, aber trotz aller Vorsicht verlor er dabei einen Teil seines Zeigefingers.

August Fasnacht erhielt zu seinem 50-jährigen Firmenjubiläum eine goldene Uhr, arbeitete aber noch über das heutige Pensionsalter hinaus, weil es damals noch keine AHV gab. Erst im hohen Alter bezog er eine willkommene kleine Rente. So konnte August Fasnacht seinen Lebensabend doch noch geniessen; er starb kurz vor seinem 90. Geburtstag.

August Fasnacht-Coendet sorgte dafür, dass niemand mit kalten Fingern arbeiten musste.

Vreni Wieland, Akkordarbeiterin

Die Uhrmacherei war in Vreni Wielands Familie (Mädchenname Spack) kein unbekanntes Metier. Ihr Grossvater Jules Oscar Droz war ein Uhrmacher aus dem Jura, der dummerweise nicht die Frau geheiratet hat, die für ihn vorgesehen war. So zwang ihn der soziale Druck wegzuziehen; er kam 1903 in die Uhrenfabrik Muntelier. Droz sei ein Lieber gewesen, der sich aber nicht durchsetzen konnte, und der oft den Lohn im Wirtshaus versoff,

Montilier-Automatic, Stahl verchromt, versilbertes Zifferblatt mit aufgelegten silbernen Indizes, Dauphinezeiger, Zentralsekunde, 1950er-Jahre.

so seine Enkelin. Vreni Wielands Eltern hatten nichts mehr mit der Fabrik zu tun; ihr Vater bauerte in Büchslen, die Mutter diente in einem Haushalt. Über Kerzers zog die Familie nach Galmiz.

Nach der Schulzeit verbrachte Wieland ein Jahr im Welschen und begann dann in der Muntelierer Uhrenfabrik zu arbeiten, weil man sie angefragt habe. Auch ihre Schwester sei diesen Weg gegangen, dann aber nicht lange geblieben. Vreni Wieland fuhr täglich mit dem Velo von Galmiz nach Muntelier und wieder zurück, sogar in der Mittagspause zwischen 12 und 13 Uhr.

«Es war eine schöne Zeit gewesen. Wir waren auch jung und hatten viel zum ‹lafere›», erinnert sie sich. Von 1947 bis im Frühling 1949 habe sie als Angestellte der Montilier Watch Schalter für die Favag AG im Neuenburgischen gemacht, wohl für Kochherde. Im Jahr 1949 habe Flaute geherrscht, und deshalb arbeitete sie eine Saison lang in Interlaken im Hotel. Im darauffolgenden Winter kehrte sie zurück und fertigte bis 1953 unter dem neuen Abteilungsleiter Ernest Etzensberger in der Ebauches-Abteilung Uhrenteile an. «Ich weiss nicht mehr genau, was für welche. Ich glaube sie hiessen Coqs. Wir mussten da so Löchlein hineinbohren», sagt Wieland.

Die junge Frau arbeitete im Akkord, das heisst, sie wurde nach Stückzahl bezahlt: Für das Einsetzen von Federlein 15 Rappen pro hundert Stück. Sie sei schnell gewesen und so auf etwa 2 Franken die Stunde gekommen, so Vreni Wieland. Eine Kollegin aus der Burg hingegen habe so langsam gearbeitet, die hätte nur 1 Franken die Stunde erhalten. «Wir wollten aber auch nicht zu viel produzieren», so Wieland. «Wenn wir zu viel verdient hätten, dann wäre der Lohn pro 100 Stück heruntergegangen, und das wollten wir auch nicht. So verlangsamten wir manchmal unser Arbeitstempo auf Ende Woche.»

Werner Habegger, Uhrmacher

Seine obligatorische Schulzeit absolvierte Werner Habegger in Jeuss. Es war eine Gesamtschule. Habegger wäre der einzige Neuntklässler im Schulzimmer gewesen, und so entschied er sich, das letzte Schuljahr in der Romandie zu verbringen, um Französisch zu lernen. An die Fabrik verschwendete er damals noch keinen Gedanken, aber als 16-Jähriger musste er sich doch der Frage stellen, was aus ihm werden sollte. Werner Habeggers Bruder arbeitete beim Pierristen Helfer in der Murtner Längmatt. Helfer konnte dem Jugendlichen zwar keine Stelle anbieten, doch er kannte Direktor Christen von der Muntelierer Uhrenfabrik, und so kam es, dass Habegger am 1. Mai 1948 eine Lehre als Uhrmacher antrat.

Nach einem Monat Probefrist meinte Abteilungsleiter Aeschlimann, der Jugendliche eigne sich für die Uhrmacherei. Er eignete sich gar derart gut, dass ihn der Lehrer Hertig an die Berufsschule Biel hätte schicken wollen, so Habegger, doch die Fabrik wollte dies nicht bezahlen.

Habegger sagt, er sei damals der einzige Uhrmacher-Lehrling in der Fabrik gewesen, dazu seien noch zwei bis drei angelernte Jurassier gekommen. «Wenn einer aus dem Jura einfuhr, hatten wir den Eindruck, der würde bevorzugt. Die kamen aus Firmen, welche eine Referenz waren. Aber entweder waren es Spinner, oder sie soffen.»

Werner Habegger arbeitete lieber an kleinen Uhren als an den grossen Uhrwerken.

Nach der Lehre wurde Habegger im Reparaturservice eingesetzt. Es war ein Kundenservice, anfänglich nur für Montilier-Uhren, später auch für andere Marken. «Wir machten damals Uhrwerke für die Saia», so Habegger. «Es waren relativ grosse Uhrwerke, und als die Saia am Bahnhof Murten dann die Produktion steigerte, machten sie die Uhrwerke selber.» Dies sei auch der Grund gewesen, weshalb Werner Habegger nach sechseinhalb Jahren bei Montilier Watch zur Saia wechselte. Er blieb dort 19 Jahre und neun Monate, meint dazu aber: «Eigentlich war es für mich ein Rückschritt, weil ich lieber kleine Uhren machte als die grossen.»

Charles Christen, Direktor

Wie so oft haben Frauen das letzte Wort! Das war auch im Falle von Charles Christen nicht anders. Christen stammte aus La Chaux-de-Fonds und hatte zuvor schon berufliche Erfahrung in England und Amerika gesam-

Als Direktor prägte Charles Christen den letzten Abschnitt der Montilier Watch.

melt. Er kannte den früheren Montilier-Direktor Constant Dinichert, welcher ihn nach Muntelier rief, so Christens Tochter Jacqueline Jaggi. Doch zu diesem Zeitpunkt hätte Christen schon eine neue Stelle bei Eterna antreten können. Den Ausschlag für Muntelier gab schliesslich Christens Frau, welche nicht nach Grenchen ziehen wollte. Sie sprach kein Deutsch und wollte es auch nie lernen.

Charles Christen brachte viele gute Referenzen mit, die es als Direktor der Montilier Watch brauchte. Seine Eltern waren Emmentaler gewesen, er selber sprach perfekt Deutsch, Französisch und Englisch. Dazu hatte er gute Kontakte nach Amerika, so Jaggi.

Charles Christen war in Muntelier als Direktor Verkauf zunächst die rechte Hand von Constant Dinichert. Er reiste viel herum und besuchte Kunden in ganz Europa. Einmal habe ihn ein Italiener gar zu einer Rede Mussolinis mitgenommen und dessen Auftritt so kommentiert: «Grande la commedia.»

Jacqueline Jaggi erinnert sich, dass ihr Vater als Direktor von Montilier Watch mit vielerlei Problemen zu kämpfen hatte. Es ist ihm nicht immer gleich gut gelungen, und er nahm sich alles sehr zu Herzen. Charles Christen starb 61-jährig in seinem Amt an einem Herzinfarkt.

Rudolf Märki, Lehrling

«Sich bei der Fabrik vorstellen? Nein. Es hiess einfach: ‹Du gehst am Montag in die Bude› », erinnert sich Rudolf Märki an den Beginn seiner Lehre bei Montilier Watch. Märki hatte soeben ein Welschlandjahr im neuenburgischen Peseux verbracht, wo er für eine «Laiterie» Milch vertragen musste. «Als ich heimkam, sagte die Mutter: ‹Du kannst in der Fabrik Mechaniker lernen›. Niemand fragte, ob ich die Fähigkeiten dazu hatte.»

Der Anfang war für Märki alles andere als leicht. 14 Tage lang musste er an einer grossen Drehbank Löcher in Eisen bohren. Er sei vom Ölgestank krank geworden, und dann habe er sich einen Bohrer in die Handfläche «gewürgt». Märki fiel zwei Wochen aus.

Die Sitten für Lehrlinge waren bei der Montilier Watch hart. Im ersten Halbjahr habe ein Lehrling keinen Lohn erhalten, dann jedes Halbjahr 50 Rappen mehr Tageslohn. Sie seien damals drei Lehrbuben in der Mechanik gewesen, so Märki. Einmal wollten sie protestieren, und der eine Lehrbub – Paul, Sohn des Portiers – wusste, wo es zum Büro des Direktors ging. Direktor Christen habe dann die Brille nach unten gezogen: «Was wollt ihr? Mehr Lohn? Dort ist die Türe!» Dann habe es einen Moment gar keinen Lohn mehr für die drei Lehrbuben gegeben.

Märkis Lehrmeister Kramer war, «ein guter Mechaniker, aber der zeigte uns nichts. Der war ständig hinter den Weibern her». Zur Berufsschule gingen die Lehrlinge ins Schulhaus nach Murten, wo sie Fächer wie Zeichnen, Geschichte, Religion oder Rechnen hatten, auch etwas Mechanik. Er habe fleissig gelernt, blickt Märki zurück. Aber sie seien nicht besonders zufrieden mit ihm gewesen. Er schloss mit der Note 2 ab; 1 war die beste. Auch gab es einen Eintrag ins Zeugnis. Märki: «Einmal war am Samstag das Transmissionsband kaputt gegangen. Ich ging es aber nicht am Samstag flicken, sondern erst am Montagmorgen vor Arbeitsbeginn. Ich erhielt dann ein ‹genügend› im Betragen, mit der Bemerkung ‹Arbeitsverweigerung›.»

Rudolf Märki hätte 1945 nach dem Lehrabschluss bei Montilier Watch für einen Stundenlohn von 1 Franken bleiben können. Er aber sagte: «Nicht für diesen Lohn», und ging für 1.50 Franken nach Biel arbeiten.

Otto Borel, Buchhalter

Mit Montilier Watch hatte Otto Borel schon zu tun gehabt, als er noch in La Chaux-de-Fonds wohnte und arbeitete. Wie vielen Jurassiern war Borel die Uhrmacherei quasi in die Wiege gelegt worden, hatte doch sein zukünftiger Schwiegervater Paul Voumard in einer eigenen Fabrik Golduhrenschalen produziert und verkauft. Borel war Buchhalter in dieser Fabrik und lernte im Büro seine Frau kennen.

Dass die Uhrenindustrie immer wieder wirtschaftlich schwierige Zeiten durchmachte, erfuhr Otto Borel aus nächster Nähe. Gold zu finden war nämlich zu Beginn des 20. Jahrhunderts zum Teil sehr schwierig. Die «Fabrique de Boîtes d'Or» schmolz Goldmünzen ein, um daraus Schalen machen zu können.

Otto Borel kam 1939 als Buchhalter nach Muntelier.

Die Uhrenschalen aus La Chaux-de-Fonds wurden unter anderem nach Muntelier verkauft. Otto Borel hatte als Buchhalter Kontakt mit den Muntelierern, und als es wirtschaftlich im Jura wieder einmal schlecht lief, zog Borel mit seiner Frau und den Kindern Annette und Pierre im Juli 1939 nach Muntelier, wo er in der Uhrenfabrik anheuerte. Borel nahm dort die Stelle des vormaligen Buchhalters Bandelier ein, welcher als Blinder seine Arbeit ohne Fehl und Tadel ausgeführt hatte. Bandelier machte sich auch dadurch einen Namen, dass die Montilier Watch auf seine Anregung hin eine Uhr für Blinde herstellte. Es war eine Uhr, die sich öffnen liess, mit einem entsprechenden Zifferblatt und speziell robusten Zeigern.

Vater Borel erzählte daheim nicht viel von seiner Arbeit. Annette und Pierre Borel mögen sich aber erinnern, dass er oft mit dem Direktor Grünig unterwegs war und spät nach Hause kam. Otto Borel beendete seine Tätigkeit bei der Montilier Watch als Prokurist. Die Arbeit war ungefähr dieselbe wie als Buchhalter, nur der Lohn und die Verantwortung grösser.

Marcel Wuillemin, Polisseur

Montilier für den belgischen Markt mit Adresse des belgischen Repräsentanten Paul Rosseels, Brüssel. Um 1940.

Fast sein ganzes Berufsleben arbeitete Marcel Wuillemin in der Uhrenfabrik Muntelier, aber er wusste nie, wie eine Uhr eigentlich funktioniert, sagt Yvonne Bula über ihren Vater: «Er war ein gewöhnlicher Arbeiter und kam immer schwarz nach Hause.» Polisseur sei er bei Montilier Watch gewesen, im unteren Stock, da wo an den einzelnen Uhrenteilen gearbeitet wurde und sie sauber poliert werden mussten, bevor sie nach oben zur Montage kamen.

Marcel Wuillemins Schwiegervater war schon Uhrmacher in Muntelier gewesen, und seine Mutter war auch Arbeiterin in der Fabrik. «Sie starb in der Fabrik», erklärt Yvonne Bula. «Um 13.30 Uhr ist sie von zuhause zur Arbeit gegangen, und eine halbe Stunde später brachten sie den Leichnam heim.»

Für Marcel Wuillemin war es immer «seine Fabrik». Sogar wenn er in die Wirtschaft ging, sagte er, er ginge «in die Fabrik». Wuillemin erlebte, wie die Montilier Watch in den 50er-Jahren einging, dann arbeitete er weiter bei Walter Leemann in der Produktion von Fotoapparaten. Dieser brachte ihn mit 60 Jahren noch dazu, Autofahren zu lernen; Wuillemin brauchte das Permis aber nie. Zuletzt stand er bei der Fribosa auf der Lohnliste, bis das Fabrikgebäude abgerissen wurde. Nach dem Abbruch «seiner» Fabrik wechselte er zur Selecta. Yvonne Bula sagt: «Vater war sehr gewissenhaft. Er kümmerte sich um alles, ging oft auch am Wochenende in die Fabrik schauen, ob alles in Ordnung war.»

Dabei gehörte Wuillemin immer zu denjenigen mit einem kleinen Lohn. «Sie mussten jedes Füüfi kehren», sagt Bula. «Ich bewundere meine Eltern, wie sie mit dem Lohn und fünf Kindern am Weidweg ein Haus bauten und alles abbezahlt haben.»

Jacqueline Jaggi, Verkaufssekretärin

Mit dem Vater Charles Christen als Direktor der Montilier Watch war der Weg von Jacqueline Jaggi in die Uhrenfakrik vorbestimmt. Sie war als Kind in Murten zur Schule gegangen, machte daraufhin im Gambach in Freiburg die Handelsschule, da sagte Vater Christen, er brauche noch eine Sekretärin. Jacqueline Jaggi richtete sich neben Buchhalter Borel im gleichen Büro ein, direkt vor dem Direktorenbüro.

«Die Firma arbeitete zu einem grossen Teil für den Export», so Jaggi, «und da musste man Sprachen können.» Die Direktorstochter selber sprach fehlerfrei Englisch und hatte deswegen regelmässig Kontakt mit der Kundschaft der Firma. Sie erinnert sich an einen belgischen Vertreter, welcher öfters nach Muntelier kam, aber auch an Holländer, Briten, Amerikaner. «Die kamen immer wieder die neusten Modelle anschauen; ich musste ihre Bestellungen aufnehmen und bearbeiten.»

Jacqueline Jaggi arbeitete hauptsächlich an der Schreibmaschine. Mit den Kunden wurde meist per Brief kommuniziert; das Telefon habe man selten benutzt. Für die junge Verkaufssekretärin war es dann am Interessantesten, wenn sie ausser Haus konnte: «Wir hatten jedes Jahr einen Stand an der Mustermesse Basel. Papa kam manchmal mit, oft schickte er mich aber alleine». An der Mustermesse bekam Jaggi mit, was jeweils Mode war. Sie durfte auch mitreden beim Aussuchen neuer Modelle.

Trotzdem arbeitete Jacqueline Jaggi nur zwei oder drei Jahre in der Fabrik ihres Vaters. Sie heiratete, zog mit ihrem Mann erst nach Biel, dann in den Kanton Zürich: «Damals hiess es: Wenn du arbeiten willst, dann sollst du nicht heiraten.»

Als Sekretärin hatte Jacqueline Jaggi (Mitte) oft mit ausländischen Vertretern zu tun (hier der belgische Montilier-Repräsentant Paul Rosseels mit seiner Tochter).

Im Uhrenfieber

DIE ANSIEDLUNG DER UHRMACHEREI IN MUNTELIER UND MURTEN IST DEN VISIONÄREN IDEEN DES ARZTES DANIEL GERHARD FASNACHT ZU VERDANKEN

4

Hervorragend erhaltene, reich ziselierte und guillochierte Lépine, exportiert in die USA. Mit Kronenaufzug, Zylinderhemmung, auf Werk gravierter Hinweis zur Silber-Auszeichnung Welt-ausstellung Paris 1889.

Die Einführung der Uhrenfabrikation im Murtenbiet ist dem Muntelierer Arzt Dr. Daniel Gerhard Fasnacht (1794-1856) zuzuschreiben. Wer war dieser Arzt und wie kam dieser dazu, sich um wirtschaftliche Aktivitäten in seiner Heimatgemeinde zu kümmern? Unehelich geboren, kam er nach dem frühen Tod seiner Mutter zu den Grosseltern nach Muntelier, wo er allerdings nicht willkommen war. Seine Paten, ein Bezirksrichter und sein Cousin,

Daniel Gerhard Fasnachts Wohnhaus am Muntelierer Raffort, dem heute abgebrochenen Chaillet- oder Lutzhaus. Um 1900.

kümmerten sich um den aufgeweckten Knaben und ermöglichten ihm, dass er in Murten die Lateinschule – eine Art Progymnasium – sowie später auswärts das Gymnasium und die Universität absolvieren konnte. Daniel Gerhard soll ein etwas verschlossener Streber im guten Sinne gewesen sein und entwickelte früh eine soziale Ader. Der junge Arzt baute sich eine Praxis am Muntelierer Raffort auf, im obersten Haus, das kurz darauf, im Jahre 1816, bei Grenzbereinigungen vom Freiburger Staatsrat dem Gemeindegebiet Murten zugeteilt worden war. Daniel Gerhard, damals schon Dorfammann zu Muntelier, durfte mit staatsrätlichem Plazet sein Amt weiter ausführen, obwohl er nun ausserhalb Munteliers lebte. Später kaufte er das gegenüberliegende, heute nicht mehr bestehende Chaillet-Haus, das auf Muntelierer Boden stand und zügelte über die Strasse. Im Alter von 26 Jahren heiratete Fasnacht die Tochter eines Uhrenfabrikanten aus Le Locle, Zélie Reymond. Als Arzt und Ammann sah er viel Elend im Dorf. Ein zentrales Anliegen war ihm einerseits die Schaffung von Erwerbsmöglichkeiten, andererseits die Bekämpfung von Trunksucht und Wirtschaftsbesuchen. Daniel Gerhard Fasnacht förderte den Ausbau der Rotfärberei Erath und bürgte für einen Kredit. Selber stellte er als Kleinunternehmer u. a. Bleiweiss her, das er gut verkaufen konnte.

Wieso der in seinem Heimatdorf angesehene und akzeptierte Arzt und Gemeindevorsteher im Alter von 52 Jahren plötzlich sein Leben völlig auf den Kopf stellte und mit seiner Familie Muntelier verliess, ist nicht überliefert. Vielleicht hing es mit der Bürgschaft an Erath zusammen, die Muntelier einiges Geld kostete, und mit den auch für einen Arzt schlechten Verdienstmöglichkeiten im armen Dorf. Daniel Gerhard zog mit seiner Familie nach La Chaux-de-Fonds, nahe dem Heimatort seiner Gattin Zélie und deponierte am 6. März 1846 dort seine Schriften. In der prosperierenden Uhrenmetropole eröffnete er eine Praxis als Arzt und Chirurg.

Sein Wohnhaus am Muntelierer Raffort behielt er und vermietete es. Ebenfalls blieb Daniel Gerhard in gutem Kontakt mit seinen Munteliererrn. So wurde sein Sohn August an der Gemeinderatssitzung vom 3. Oktober 1848 als Gemeindeschreiber in Muntelier gewählt, ein Amt, das er allerdings nur bis Mai 1849 ausübte.

Uhrmacher in Muntelier

Auch in La Chaux-de-Fonds setzte sich Fasnacht mit der Entwicklung seines Heimatdorfes am Murtensee auseinander. Die Uhrmacherei im Jurabogen, mit Zentrum La Chaux-de-Fonds und Le Locle, brachte viel Arbeit und Geld in das Gebiet. In dieser Zeit wurden die Uhren noch hauptsächlich in Heimarbeit von ganzen Familien und in kleineren bis mittleren Ateliers arbeitsteilig hergestellt. Dieses System beeindruckte den Arzt. Er beschäftigte sich nun mit dem Projekt, wie in Muntelier und seiner Umgebung die Uhrenfabrikation nach jurassischem Vorbild angesiedelt werden könnte. Durch seine schwiegerelterliche Familie war Daniel Gerhard Fasnacht mit der Uhrenproduktion bestens vertraut und wusste, dass hier Geld verdient werden konnte. Zudem arbeiteten zwei seiner Söhne in diesem Metier und Gattin Zélie war auch wieder darin tätig. Den Arzt musste die Uhrenfaszination gepackt haben. So spann er wohl gegen Ende des Jahres 1850 seine Fäden nach Muntelier und Murten. Hier stiess er auf offene Ohren, und zwar in seinem Heimatdorf wie auch im benachbarten Städtchen.

In Muntelier nahm man den Faden rasch auf und diskutierte am 8. Januar 1851 über Fasnachts Vorschläge. Es kam zu folgendem Gemeinderatsbeschluss: Da in La Chaux-de-Fonds «die Industrie in der Uhrmacherei seit einigen Zeiten so stark fortgeschritten sei, daß die Arbeiter kaum alle Platz für ihre Arbeiten finden können; nachdem der Gemeinderath ferner aufmerksam gemacht worden, wie vortheilhaft es für die hiesige Dorfschaft und Umgegend wäre, wenn mehrere Meister dieser Profession hieher gezogen werden könnten, beschließt der selbe einstimmig, sogleich die große Gemeinde versammeln zu lassen um der selben die Wichtigkeit der Aufnahme solcher Professionisten in hiesiges Dorf darzustellen. Zu dem Ende macht der Gemeinderath der Bürgerversammlung folgende Vorschläge zur Aufnahme: 1. Wolle man den Niedergelassenen keinen Hintersäß fordern [also keine Kopfsteuer]. 2. Jeder solchen Haushaltung ein Fuder Turben frei zur Wohnung liefern [Turben = Torf, Heizmaterial]. Die Gemeindeversammlung soll daher auf den 10. dies einberufen werden.»

Wirklich, schon am 10. Januar fand die Extra-Gemeindeversammlung zum Uhrmacherprojekt statt. Der Gemeinderat erläuterte in seiner Einführung das Geschäft ausführlich und erklärte, dass in La Chaux-de-Fonds die Geschäfte so gut laufen, dass dort Fabrikationsstätten fehlen würden. Man hoffe mit verschiedenen Vergünstigungen geeignete Berufsleute aus der Uhrenbranche mit ihren Familien auf Muntelier zu locken, damit sie hier ein neues Gewerbe einführen und so die Wirtschaft in Schwung bringen würden. Als wichtiger Vorteil wurde zudem genannt, dass die jungen Leute vom Dorf mit geringen Kosten die Uhrmacherei erlernen könnten. Die Versammlung begrüsste diesen Vorstoss und man teilte den Beschluss sofort Dr. Daniel Gerhard Fasnacht und Jean Delaprez mit, der schon vor vielen Jahren Muntelier verlassen hatte und in der Jurametropole als Uhrenunternehmer tätig war. Fasnacht und Delaprez konnten verschiedene Wagemutige zum Umzug nach Muntelier bewegen. Diese stellten aber noch weitere Forderungen an die Gemeinde. Sie wollten, dass sie vom Gemeindewerk, d.h. von den damals noch üblichen Fronarbeiten für die Allgemeinheit, befreit würden, ferner dass das Hintersässengeld [Kopfsteuer für Auswärtige, nicht Gemeindebürger] nicht nur für ein, sondern gleich für drei Jahre erlassen werde und dass die Haushaltung jedes Uhrmachers unentgeltlich von Neuenburg auf einer Barke nach Muntelier befördert werde. Die Gemeindeversammlung schluckte diese zusätzlichen Forderungen ebenfalls und bestimmte auch die Männer, die sich mit der Wohnungssuche für die neuen Berufsleute beschäftigen sollten.

Die Uhrmacher siedelten bald nach Muntelier über, schon am 8. Mai 1851 registrierte man im Gemeinderatsprotokoll, dass einige der hierher gezogenen Uhrmacher unvollständige Heimatscheine abgegeben hatten und nun angehalten wurden, die fehlenden Papiere nachzuliefern.

Nicht nur in Muntelier machte man sich zu dieser Zeit Gedanken zur Einführung der Uhrmacherei, sondern auch in Murten. Einen Tag vor der denkwürdigen Sitzung der Muntelierer Gemeindeoberen befassten sich am 7. Januar 1851 auch die Murtner Gemeinderäte mit dem Thema. Im Protokoll heisst es, dass die Herren Lergier und Liechti bestimmt werden, «um die in Anregung gebrachte Frage über die Einführung der Uhrenmacherey in unserer Gemeinde mit Zuziehung von andern Bürgern, deren Wahl ihnen überlassen wird, zu untersuchen und darüber zu referieren». Man bildete also eine eigene Kommission zur Untersuchung der Frage über die Uhrmacherei in Murten. Gewährsmann und Initiant der Idee war auch hier Dr. Daniel Gerhard Fasnacht in La Chaux-de-Fonds. Davon später mehr.

Die Uhrmacher bezogen Räumlichkeiten in der kurz zuvor in Konkurs geratenen Färberei Erath im Marcoup. Dieser war zwar weiterhin in Muntelier geschäftlich tätig, aber in seinen ehemaligen Liegenschaften hatte es leere Räume, die sich als Uhrenatelier eigneten. Wie die Muntelierer Uhrmacherei organisiert war, ob man auf eigene Rechnung arbeitete, ob man alle Uhrenbestandteile in Muntelier herstellte oder sie teils aus dem Jura bezog, ist unbekannt. Wer die fertigen Uhren übernahm und weiterverkaufte ebenfalls. Sicher wurde die Muntelierer Produktion in die Uhrenmetropole La Chaux-de-Fonds geliefert, wo Daniel Gerhard Fasnacht zumindest am Anfang mit Delaprez oder seinen Verwandten den Absatz über Etablisseure organisierte. Fasnacht blieb nämlich in La Chaux-de-Fonds, während seine Gattin Zélie als Fachfrau mit dem bereits erwähnten Sohn August wieder für einige Jahre nach Muntelier zogen, um die Produktion zu überwachen und um junge Leute aus dem Dorf anzulernen.

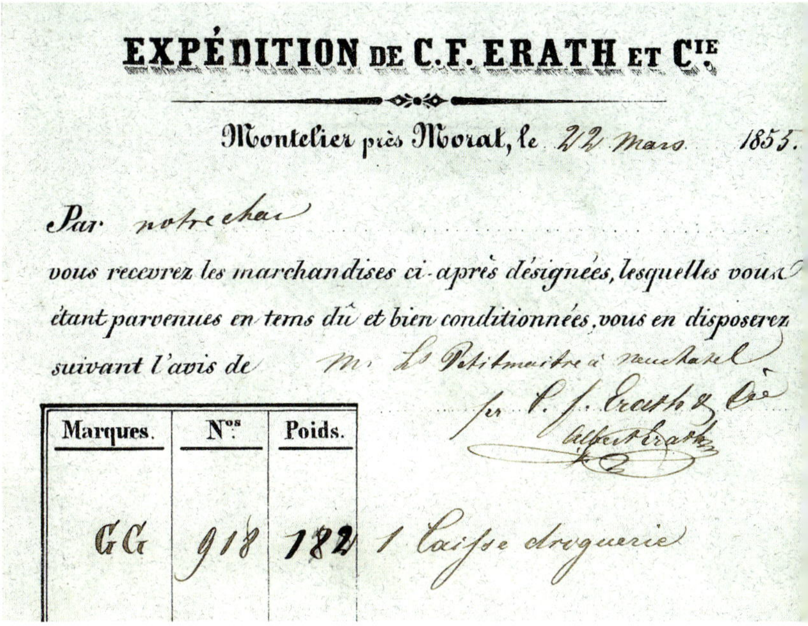
EXPÉDITION DE C.F. ERATH ET Cie

Montelier près Morat, le 22 mars 1855.

Par notre char

vous recevrez les marchandises ci-après désignées, lesquelles vous étant parvenues en tems dû et bien conditionnées, vous en disposerez suivant l'avis de M. Ls Petitmaître à Neuchâtel

p. C. F. Erath & Cie

Albert Erath

Marques.	Nos	Poids.	
GG	918	182	1 Caisse droguerie

Speditionszettel von C.F. Erath & Cie., Muntelier, 1855.

Fasnachts Bemühungen in Murten

Zur gleichen Zeit, wie man in Muntelier sich mit der Ansiedlung der Uhrmacher beschäftigte und dies in erstaunlich kurzer Zeit zustande brachte, diskutierte man bekanntlich auch in Murten über das gleiche Thema. Hier delegierte man die Arbeit an eine neue Kommission, die ihre Arbeit rasch erledigte. Nach vier Wochen hatte der Murtner Gemeinderat einen von Lehrer Eduard Kinkelin (1797-1879) verfassten Bericht in den Händen. War man in Muntelier in der Uhrmachersache Feuer und Flamme, so drückt Kinkelins Bericht zu Beginn eine gesunde Portion Skepsis aus. Die Kommission habe mit den beiden Herren Köhli und Jacot aus La Chaux-de-Fonds gesprochen, ob die «Uhrenmacherei in Murten als stabil eingeführt werden könnte». Das Resultat dieser Besprechung schien die Kommissionsmitglieder nicht durchwegs befriedigt zu haben. Man gab zu bedenken, dass der Erfolg der Einführung der Uhrmacherei darin liege, dass möglichst rasch hiesige junge Leute Uhrmacherberufe erlernen sollten, damit sie nachher hier in Murten selber Lehrlinge ausbilden könnten. Die beiden Herren Köhli und Jacot boten an Lehrlinge zu übernehmen, damit diese einzelne Bereiche der Uhrenproduktion erlernen. Ferner erwähnte Kinkelin, dass ihr «Correspondent» in La Chaux-de-Fonds, Dr. Daniel Gerhard Fasnacht, in seinem Schreiben vom 28. Januar 1851 «Dampf» für die Einführung der Uhrenproduktion in Murten mache und sich eine Unterstützung für 30 Berufsleute wünsche, die sich in Murten niederlassen möchten. Die Unterstützung solle in Heizungsmaterial, Holz und Torf, geschehen, was in La Chaux-de-Fonds beides besonders teuer ist. Vorzusehen sei dies für drei Jahre. Offensichtlich ergaben weitere Besprechungen mit Fasnacht, dass zusätzlich freier Schulbesuch für die Uhrmacherkinder und der Erlass von der Kopfsteuer (Hintersässengeld) zugestanden werden muss. Zudem habe Murten wie Muntelier die Effekten der Zuzüger gratis in Neuenburg abzuholen. Die Kommission befürwortete diesen Vorschlag Fasnachts und wünschte, dass der Gemeinderat sich möglichst rasch zu diesem Projekt äussere, «da es einmal Noth thut, [aus] dem Hundertjährigen Schlaf zu erwachen, in welchen man hier verfallen zu seyn schien». Interessant ist der letzte Abschnitt des Berichts. Hier schrieb Kinkelin, dass man u.a. mit Herrn Courvoisier in Verbindung treten solle, um über den Verlust von guten Arbeitern zu sprechen. Ob Eduard Kinkelin dachte, dass man nicht gerne gute Mitarbeiter von La Chaux-de-Fonds wegziehen sehe, ist nicht genau erkennbar. Mit «Herrn Courvoisier» meinte Kinkelin aber sicher einen der drei Brüder Courvoisier, die in jener Zeit zu den wichtigsten Uhrenhandelsunternehmern Europas gehörten. Der Gemeinderat beschloss auf die Forderungen der Uhrmacher einzutreten, aber nur mit Jahresverträgen und mit einem Passus, dass Müssiggang, liederliches Schuldenmachen und Ähnliches den Genuss der Vergünstigungen ausschliesse. Am 13. Februar segnete die Murtner Gemeindeversammlung die Beschlüsse des Rates ab.

In einer Extra-Ratssitzung vom 15. April betrafen die meisten Traktanden die Einführung der Uhrmacherei. Offenbar sind die ersten schon in Murten eingetroffen oder man stand kurz davor. Interessant ist dabei der Hinweis, dass der Murtner Gemeinderat den Uhrmachern, die sich am Muntelierer Raffort im Chaillet-Haus niedergelassen hatten, die gleichen Vergünstigungen (Brennmaterial, Schulbesuch der Kinder) gab wie denjenigen in Murten, und zwar «in Anerkennung der Verdienste des Herrn Doktor Fasnacht vom Muntelier um die Einführung der Uhrenmacherei in hiesiger Gemeinde». Daniel Gerhard war ja immer noch Eigentümer dieses grossen

Hauses am Muntelierer Raffort. Ferner behandelte man in dieser Sitzung den Wunsch der Uhrmacher, dass sich die Behörden um die Verbesserung des Postdienstes zwischen Murten und La Chaux-de-Fonds bemühen sollten. Man monierte hauptsächlich das fehlende Tempo. So brauchte ein Brief von Murten in die Uhrenmetropole zweieinhalb Tage, z.B. am Montagmorgen der Post übergeben, erreichte die Sendung erst am Mittwochnachmittag ihren Bestimmungsort. Das Problem lag hauptsächlich am Postdienst Neuenburg-Murten. Der Stadtschreiber nahm sich der Sache gleich an und schrieb am 21. April 1851 der Postdirektion in Lausanne. In seinem Brief betonte er, dass die neu in Murten angesiedelte «Industrie» für den hiesigen Ort sehr wichtig sei. Die Antwort aus Bern liess nicht lange auf sich warten. Das Eidgenössische Postdepartement schrieb schon am 8. Mai dem Freiburger Staatsrat – der offenbar am 30. April in gleicher Sache in Bern vorstellig geworden ist – dass man schon im Juni die Verbindungen Freiburg–Neuenburg verbessern würde und dass man auch die Strecke Murten–La Chaux-de-Fonds nicht aus den Augen verlieren wolle. Zwischenzeitlich (am 16. April) bemühte sich Murten auch bei den Kantonsbehörden um den Erlass der Niederlassungsgebühren der frisch angesiedelten Uhrmacher. Im Schreiben hielt man fest, dass «hiesige Gemeinde, durch immer fühlbarer werdende Verdienstlosigkeit nothgedrungen, derselben zu begegnen in einer ihrer Versammlungen beschlossen hat, die Einführung der Uhrenmacherei, welche in der schweizerischen Industrie eine der ehrenhaftesten Stellungen einnimmt, mit allen Ihr zu Gebote stehenden Mitteln bewerkstelligen zu suchen».

Altes Torwärterhaus beim Berntor. Typischer Dachausbau für eines der vielen Uhrmacherateliers in Murten. Jakob Roggen führte hier ab Mitte des 19. Jahrhunderts eine Uhrenwerkstätte mit Verkaufsgeschäft.

Über die in Murten angesiedelten Uhrmacher ist praktisch nichts bekannt. Sie wurden in den Einwohnerakten interessanterweise auch nicht verzeichnet, sie mussten vorerst keine jährliche Hintersässensteuer bezahlen. Es ist nicht bekannt, ob sie bereits in einem gemeinsamen Atelier ihre Uhren herstellten und wie diese Produktion aussah. Vermutlich gab es Verbindungen zu den Uhrmachern im

Muntelierer Marcoup, und die Fäden hielt man in La Chaux-de-Fonds in der Hand. Am 21. April 1851 meldete man dem Gemeinderat, dass ein gewisser Calame sich in Murten als Etablisseur niederlassen wolle. Der Referent aus der Uhrmacher-Kommission meinte: «Da das Gedeihen der Uhrenmacherei wesentlich von einem solchen Unternehmer abhängt», wird beschlossen, dass man ihm eine Konzession für neun Jahre erteile. Offenbar zog sich die Angelegenheit weiter hin. Schliesslich legte die Uhrmacherkommission dem Rat den Antrag vor, dass vier Etablisseure aus La Chaux-de-Fonds in Murten angesiedelt werden sollten, nämlich die Herren Calame, Delachaux und die zwei Brüder Henri. Die vier sollen während neun Jahren die gleichen Vergünstigungen erhalten wie die Uhrmacher, also Brennmateriallieferungen und Verzicht auf die Hintersässen- bzw. Kopfsteuer. Es musste aber gewährleistet werden, dass die vier wirklich als Etablisseure arbeiten. Der Rat schaute besorgt auf seine Kassen und meinte, «daß der Gemeindeseckel etwas hart mitgenommen werde, giebt jedoch zu bedenken, daß dieses Opfer gebracht werden müße wenn man die Uhrenmacherei auf eine stabile Art in hier eingeführt wissen wolle. Man scheue dieses Opfer nicht; es ist ja nicht unerschwinglich! Würde das Resultat den gebrachten Opfern nicht entsprechen, so könnte uns das Urtheil unserer Nachkommen nicht verdammen, denn unsere Absicht ist es den Wohlstand Murten's zu heben».

Wie in Muntelier, hatte sich die Uhrenfabrikation auch in Murten rasch soweit etabliert, dass die Behörden in Vormundschaftsangelegenheiten die Uhrmacherei in ihre Überlegungen bei Ausbildungsplatzierungen junger Burger mit einbezogen. So sollten die burgerlichen Knaben August Chatoney und Louis Nicolet zur Erlernung der Uhrmacherei bei Finisseur Huguenin untergebracht werden. Zur Abklärung ihrer Eignung wollte man mit Huguenin eine Probezeit aushandeln.

Das Feckbüro für Edelmetalle

Dass sich die Ansiedlung der Uhrmacherei in Muntelier und Murten nicht nur auf Uhrwerke beschränkte, sondern auch die Schalenmacherei mit der «Finissage», der eigentlichen «Endmontage» von Taschenuhren umfasste, zeigt wiederum ein Hinweis im Murtner Ratsprotokoll. An der Extrasitzung vom 30. Mai 1851 diskutierten die Ratsherren die Schaffung eines «Feckbureaus», also einer Kontrollstelle für die hier verarbeiteten Edelmetalle. Man beschloss deswegen der Kantonsregierung zu schreiben. In diesem Brief, der noch gleichentags an den Staatsrat abgeschickt wurde, betonte der Rat, dass sich bereits mehrere Uhrenfabrikanten in Murten niedergelassen haben und dass man auf bestem Wege sei, die Uhrenfabrikation im grossen Stil im Kanton Freiburg einzuführen. Nun sollte durch die Regierung eine Kontrollstelle für Edelmetall-Prüfung eingerichtet werden, die zu fixen Zeiten erreichbar sei. Weiter beschrieb der Verfasser des Briefes, was für dieses Kontrollbüro alles gebraucht werde, und erklärte, dass alle Edelmetall-Uhrschalen vom Fabrikanten eine laufende Nummer und eine Fertigungsmarke erhalten müssten, wie und was man registrieren sollte und schliesslich – nicht unerheblich – die Kosten für diese Arbeiten. Die Fabrikanten oder Händler haben ein Honorar von einem halben Prozent der geprüften Ware in Edelmetall zu entrichten und für Schalen minderer Qualität, wohl gold- oder silberhaltige Legierungen, 15 Rappen für jedes Prüfstück mit Zertifikat. Für die Kontrollstelle dürfte so ein Honorarvolumen von jährlich etwa tausend bis zwölfhundert Franken zusammen kommen. Ob das kantonale Feckbüro in Murten tatsächlich eröffnet wurde, ist nicht bekannt.

Das Subventionsgesuch an den Kanton

Im Juli 1851 schickten die Murtner Behörden ein längeres Schreiben an den Staatsrat. In der Einleitung beklagten sie die Zustände vor 1847, mit einer Regierung, die eigentlich nichts für die wirtschaftliche Förderung getan habe. Das sei mit der neuen, radikalen Regierung anders geworden. Die Kantonsschule habe man um eine Industriesektion erweitert, die Kantonalbank sei gegründet und die Kommission für Handels-, Industrie- und Landwirtschaftsfragen beginne zu arbeiten. «Honneur aux magistrats qui connaissent ainsi leur mission!» schrieb der Stadtschreiber in seinem fehlerreichen französischsprachigen Brief. «(...) Entrons dans quelques détails: A la suite de négociations entamées avec des ouvriers horlogers des montagnes neuchateloises, plus d'une centaine d'ouvriers ont consenté à se déplacer pour fixer désormais leur domicile à Morat ou la Bourgeoisie décide a de leur concéder pendant trois ans à chaque chef de famille jusqu'au nombre de trente certains

Murten um 1890. Ölbild des Graveurs Johann von Känel (1834-1905), der sich 1865 in Murten niederliess und 1867 nach Muntelier zügelte, später aber wieder in Murten lebte. Von Känel war für die Uhrenherstellung tätig und verdiente mit Souvenir-Ansichten ein Zubrot.

avantages consistant entr'autres dans la participation au lot de bois (une toise de foyard, une dite de sapin & une char de tourbe), dans la fréquentation gratuite des enfans aux établissements d'instruction & l'exemption au denier d'habitation. D'autres ouvriers se disposent à suivre les premiers et déjà un certain nombre de jeunes gens des deux sexes appartenant à la localité sont entrés en apprentissage. Tout fait donc présumer la réussité de l'entreprise. Une établissement très important à la tête duquel figure Monsieur Domont, propriétaire, marche déjà depuis quelque jours. Quand tous les atteliers indispensables seront achevés, cet établissement occupera de 50 à 60 ouvriers.» Weiter wurde im Brief über die Hilfe durch die Bevölkerung Murtens gesprochen und auch die Aktivitäten der armen Gemeinde Muntelier erwähnt. Damit seien nun alle Möglichkeiten erschöpft, da die Waldungen der Stadt Murten nicht mehr Holzlieferungen hergeben würden. Man erwähnte, wie wichtig die Einführung der Uhrenfabrikation für den ganzen Kanton sei und bat die Regierung um eine jährliche Subvention von 1200 Franken zur Unterstützung der 30 weiteren Uhrmacherfamilien mit Brennmaterial während dreier Jahre, die im Begriffe sind, sich in Murten niederzulassen.

Dem Staatsrat war die Sache offenbar nicht so eilig, eine Antwort liess auf sich warten. So mahnte Murten am 2. September den Oberamtmann, dass man wegen der Einführung der Uhrenfabrikation finanziell in Verlegenheit geraten sei, da man zu den bisherigen 30 Familien weitere Spezialisten hier ansiedeln möchte. Diese notwendigen Spezialisten müssten wie die bisherigen Uhrmacherzuzüger aus den Neuenburger Bergen unterstützt werden. Man bat den Oberamtmann doch beim Staatsrat nachzufragen, wie es mit der Behandlung des Subventionsgesuchs stehe. Nun ging es rasch. Bereits am 5. September schrieb der Staatsrat dem Oberamt, dass man das Subventionsgesuch befürwortend dem Grossen Rat vorlegen werde. Dieser stimmte dem Gesuch zu.

Erfolgreiche Wirtschaftsförderung

Wie in Muntelier, gelang in Murten die Ansiedlung von Uhrmachern rasch. Die Lage zum Zentrum der damaligen Uhrenfabrikation – La Chaux-de-Fonds und Le Locle – war allerdings peripher. Und doch war man für den Absatz auf die dortigen Kanäle angewiesen. Die Ansiedlung von Händlern für den Vertrieb der Uhren von Muntelier und Murten war offenbar Ende 1851 noch nicht zustande gekommen. So diskutierte man im Rat am 15. Dezember, in dieser Sache selber aktiv zu werden und dafür vielleicht sogar eine Aktiengesellschaft zu gründen.

Das Subventionsgesuch an den Freiburger Staatsrat nennt übrigens erstmals den Namen desjenigen Fabrikanten, der wenig später in der hiesigen Uhrenindustrie eine grosse Rolle spielen wird, nämlich Etienne Ovide Domon, der im Juli 1851 mit seinem Unternehmen in Murten die Arbeit aufgenommen hat.

Etienne Ovide Domon

EIN UNSTETER GEIST FINDET SEINE RUHE UND BAUT MIT SEINEM ASSOCIÉ DEN ERSTEN MODERNEN FABRIKATIONSBETRIEB DES KANTONS AUF

5

Reich guillochierte, gravierte und ziselierte Lépine mit Dreiviertel-Platine, Zylinderhemmung. Auf Werk und Gehäuse Hinweis zur Silbermedaille der Weltausstellung Paris 1889.

Mit seinem Einsatz in Muntelier und Murten von La Chaux-de-Fonds aus ist der Arzt Daniel Gerhard Fasnacht der Initiant des neuen Uhrmacherei-Gewerbes in unserer Region. Dabei scheint es, dass die Fäden zumindest in der ersten Zeit noch in der neuenburgischen Uhrenmetropole zusammenliefen. War dieser Erwerbszweig im Murtenbiet von Dauer oder nur ein Strohfeuer? Da Akten fehlen, ist dies schwer zu beurteilen. Auch starb Mentor Daniel Gerhard Fasnacht bereits 1856. Er konnte sich bloss knappe fünf Jahre einbringen.

Die Muntelierer Uhrenfabrik, die früheste Freiburger Industrie-Gründung modernen Zuschnitts, erfolgte jedoch nicht durch Fasnacht und den durch ihn nach Muntelier und Murten vermittelten Uhrmachern. Hier kam eine weitere Person ins Spiel. Im vorherigen Kapitel, im Abschnitt über das Subventionsgesuch an den Freiburger Staatsrat vom Juli 1851, wurde mit «Monsieur Domont» bereits der Name genannt. Sein Betrieb in Murten habe schon vor ein paar Tagen die Arbeit aufgenommen und man rechne nach der Aufbauphase mit 50 bis 60 Arbeitsplätzen, spekulierte man in Murten. Wer war dieser «Monsieur Domont»? Hier haben wir es mit einer hochinteressanten, heute weitgehend vergessenen Unternehmer-Persönlichkeit zu tun, die der Region Murten wichtige Impulse in die verschiedensten Richtungen vermittelte. Die wenigen erhaltenen biographischen Angaben beruhen grossteils auf einem Lebenslauf, der 1874 in den «Etrennes fribourgeoises» erschienen ist, sowie auf Unterlagen, die anfangs der 1950er-Jahre von der Geschäftsleitung der Montilier Watch der Chronistin Clary Fasnacht zur Verfügung gestellt worden waren, von dieser ausgewertet wurden, aber im Originalwortlaut nicht mehr erhalten sind. Im Beitrag in den «Etrennes» sind viele Daten fehlerhaft und können nicht stimmen, wie dies auch schon Clary Fasnacht in ihren Unterlagen anmerkte. Die Daten wurden deshalb bewusst weggelassen.

Unstetes Leben

Etienne Ovide Domon (1807-1873) kam in La Chaux-de-Fonds als Kind armer Eltern zur Welt und war in Soulce, einem Dorf im Bezirk Delémont, heimatberechtigt. Offenbar reichte es kaum zur elementaren Schulbildung, da seine Eltern sich das Schulgeld nicht leisten konnten. In La Neuveville soll der Jüngling eine Lehre, oder eher eine Anlehre, als Graveur absolviert haben. Seinen ersten Verdienst erhielt Domon durch seine Arbeit im Unternehmen der Gebrüder Japy in Beaucourt, einem Städtchen zwischen Montbéliard und der Schweizer Grenze beim Jurazipfel. Hier kam er auch mit der industriellen Uhrenfabrikation in Berührung. Gründer der Firma war Frédéric Japy (1749-1812), der um 1800 jährlich bereits rund 100 000 robuste Rohwerke für Taschenuhren und Pendulen herstellte und damit bald ganz Frankreich und die benachbarten Länder belieferte. Japys Söhne expandierten später noch in andere Bereiche und bauten den Betrieb zu einem Unternehmen mit verschiedensten Fabriken aus, das um 1850 rund 5000 Mitarbeiter beschäftigte und bis ins dritte Viertel des 20. Jahrhunderts bestand. Nach einem Jahr in Beaucourt, in dem er viel lernte, zog Domon nach Genf und arbeitete als Graveur und Mechaniker. Wiederum ein Jahr später ging es nach Zürich als Mitarbeiter der Fabrik Escher, Wyss & Co. Danach war er zwei Jahre auf Wanderschaft: Belgien, Frankreich, Italien, Österreich, Ungarn und Mitteldeutschland waren seine Ziele. Hier mal als Uhrmacher, mal als Mechaniker oder Graveur arbeitend, oft schnitt er auch geschickt Silhouetten-Porträts, die er verkaufen konnte. Später war er in Frankreich kurz in der Armee, arbeitete dann wieder als Mechaniker in Paris und Le Havre, wo er in einer Waffenfabrik tätig war. Hier heiratete er Aimée Eude, die aus einer Familie der Normandie stammte. Das arbeitsame Ehepaar beschloss ein Kapital von 10 000 Francs zu sparen, um sich damit selbstständig zu machen. Zwei bis fünf Franken pro Tag verdiente die Gattin mit der Arbeit an einer Maschine zur Herstellung metallener Knöpfe, die von Domon gebaut worden war, der Gatte als Facharbeiter rund 150 Francs in zwei Wochen. Etienne Ovide entwickelte in Paris auch eine Tapeten-Druckmaschine, die mehrere Farben in einem Durchgang aufs Papier bringen konnte. Dann wird er als Hersteller von Bronzeguss-Dekorationen genannt, die von Uhrenherstellern bezogen wurden. Bald stellte er selber luxuriöse Bronze-Pendulen her, die gefragt waren, was ihm gutes Geld in die Kasse spülte. Der Erfolg war allerdings von kurzer Dauer, anscheinend unterschlug sein Teilhaber Geld und die Firma war ruiniert. 1845 kehrte Domon mit seiner Familie völlig mittellos in die Schweiz nach La Chaux-de-Fonds zurück. Hier eröffnete er wieder ein eigenes Atelier zur Uhrenschalenherstellung. Die Konjunktur war gut, die Aufträge kamen herein und er konnte sich bald darauf zwei Graviermaschinen leisten. Dann folgte die Produktion von Metallzifferblättern, die in dieser Zeit neben Emailzifferblättern in Mode kamen. 1849 zog er mit seinem Betrieb nach Neuenburg. Hier liess er auch die ersten Pressen zur Herstellung von Uhrenschalen aufstellen, die er selber entwickelt hatte.

Domon zieht nach Murten

Vermutlich hatte es sich in Neuenburger Uhrmacherkreisen herumgesprochen, dass sich Muntelier und Murten um Ansiedlung der Uhrenfertigung bemühten und diese auch finanziell unterstützten. Das muss auch Etienne

Im klassizistischen Leistgebäude im Mailand (heute Meyland) begann Etienne Ovide Domon seine Uhrenschalen-Macherei. Ansichtskarte, um 1926.

Ovide Domon zu Ohren gekommen sein. Durch Kontakte in Murten, vermutlich über die schon erwähnte Uhrmacher-Kommission des Rates oder über Daniel Gerhard Fasnacht in La Chaux-de-Fonds, erfuhr er, dass das sogenannte Leistgebäude mit seinem Umschwung vor dem Törli käuflich zu haben sei. Die Besitzerin und Erbauerin dieser spätklassizistischen Villa im äusseren Graben beim Mailand (heute Meyland) war die Leistgesellschaft zur Eintracht, einem Club von Murtnern, über dessen Aktivitäten und Mitglieder wenig bekannt ist, und der wohl die Geselligkeit und Literatur pflegte. Anfangs April 1851 sandte Domon über Eduard Kinkelin von der Uhrmacher-Kommission die Anfrage an den Murtner Rat, dass er gesonnen sei, das Leistgebäude zu erwerben und hier sein Unternehmen anzusiedeln, falls die Behörden ihm genügend fliessendes Wasser zugestehen würden. Der Rat war «in Erwägung, daß der genannte H. Domon durch seine Industrie von großem Belange für den hiesigen Arbeiterstand sein werde», einverstanden, die gewünschte Menge abzugeben, behielt sich aber das Recht vor, die verlangte Konzession aufzuheben, wenn die Liegenschaft im Stadtgraben nicht mehr der vorgesehenen Fabrikation dienen sollte. Einen Monat später, am 5. Mai 1851, war bis auf eine «Kleinigkeit» – der Finanzierung – das Geschäft, an dessen Abwicklung offenbar auch der Leistgesellschaft gelegen war, unter Dach und Fach. Die Kaufsumme von 12 000 Franken wurde gesamthaft von der Stadt übernommen und als Hypothek zu einem Zins von 4% Domon gewährt. Am 31. Mai konnte die Liegenschaft Domon überschrieben werden. Zuvor, nämlich schon am 10. Mai, also vier Tage nach der Finanzierungszusage, legte Domon den Behörden die Umbaupläne für den Leist vor, damit nach dem Kauf zügig mit der Einrichtung der Fabrikationsinstallationen begonnen werden kann.

Wie bereits beschrieben, ist anfangs Juli das Leistgebäude im Stadtgraben für den neuen Zweck bereit. Dass mit Domon nicht gut Kirschen essen ist, bekamen die Murtner Behörden rasch zu spüren. Am 1. Juni 1851 behandelten die Behörden sein Gesuch, dass die verheirateten unter seinen 20 mit ihm hergezogenen Angestellten gleich zu behandeln seien wie die «freien»

Uhrmacher, d.h. Vergütung von Brennmaterial, Erlass von Kopfsteuer und Schulgeld. Der Rat sah das anders und sah die Firma als Einheit an. Die Reaktion des Fabrikanten liess nicht lange auf sich warten und war heftig. Domon drohte mit «Publicität», dass die Gemeinde ihre Versprechungen nicht einhalte und mit sofortigem Wegzug, sollte der Rat auf seinem Standpunkt beharren. Zähneknirschend gab der Gemeinderat seinen Widerstand auf und gestand Domons Angestellten die gleichen Vergünstigungen wie allen anderen Uhrmachern zu.

Standortbestimmung

Die Strukturen der hiesigen Uhrmacherei – einerseits die «freien» Uhrenarbeiter, die für auswärtige Etablisseure produzierten und andererseits die Schalenmacherei von Etienne Ovide Domon – scheinen schon anfangs 1852 weiterführende Ideen angeregt zu haben. So diskutierte man am 3. Mai 1852 im Rat, dass sich die Gemeinde bei der «in Murten zu creirenden anonymen Gesellschaft Behufs Fabrikation von Uhren, durch Uebernahme von Aktien betheiligen» solle. In gleicher Sache wandten sich die Behörden etwas später auch an den Freiburger Staatsrat und bemerkten, dass eine solche Aktiengesellschaft das Ziel hätte, in Murten die Uhrenfabrikation zu konsolidieren. Offenbar verliefen diese Bemühungen im Sande, in den späteren Ratsverhandlungen erscheint nichts mehr über dieses Projekt.

Um den August herum muss sich im Rat eine gewisse Ernüchterung in der Uhrmacheransiedelung breitgemacht haben. So verlangten die Ratsherren nur knapp ein Jahr nach der Einführung dieses neuen Gewerbes in Murten eine Art Standortbestimmung, die bei der Uhrmacher-Kommission in Auftrag gegeben wurde. Man wollte wissen, was die Uhrenfabrikation der Gemeinde bisher gebracht habe. Gleichzeitig sollte durch die Kommission abgeklärt werden, wie viele Uhrmacher nun in Murten wohnten und welchen davon materielle Unterstützungen gewährt worden seien. Schliesslich wollte der Rat erläutert haben, ob die Uhrenindustrie hier wachse und ob eine Nachhaltigkeit abzusehen sei. Immerhin scheint man sich im Rat noch nicht so sicher gewesen zu sein, ob mit der Einführung der Uhrenfabrikation in unserer Gemeinde wirklich ein Coup gelandet worden sei, eine gewisse Skepsis ist herauszuhören. Wie bei der Idee zur Gründung einer

Aktiengesellschaft ist auch über die Untersuchungen der Kommission nichts bekannt. Vermutlich verlief die Angelegenheit im Sande, es wurde im Rate nicht mehr darüber gesprochen, was sonst in den Protokollen festgehalten worden wäre.

Uhrmacherhäuser im Stile «jurassischer Bergdörfer»

Wie in Neuenburg, stellte Etienne Ovide Domon in Murten Schalen für die Uhrgehäuse her. In den Akten wird er als «Fabrikant» oder vereinzelt auch «Etablisseur» tituliert. Bei seiner offiziellen Anmeldung in Murten lässt er im Hintersässenrodel die Berufsbezeichnung «fabricant d'horlogerie» eintragen. Es kann aber angenommen werden, dass sich sein Betrieb hauptsächlich mit der Schalenmacherei beschäftigte und dass früh mit den «freien» Uhrmachern in Muntelier und Murten zusammengearbeitet wurde. Drei Jahre nach dem Umzug von Neuenburg nach Murten litt Domons Schalenfabrik bereits unter Platznot. Ein Ausbau auf dem Areal im Stadtgraben drängte sich auf. Im Juli und im August 1854 bewilligten die Behörden die Vergrösserung der Ateliers, die seitwärts an das Leistgebäude angebaut worden waren.

Für die neu zugezogenen Uhrenarbeiter wurden 1854 in Murten vorbildliche Mietshäuser erbaut. Foto um 1920.

Nicht nur die Werkstätten Domons litten unter Platznot, Murten insgesamt klagt über Wohnungsmangel. So stellt man im Oktober 1853 im Rat fest, dass «mit Einführung der Uhrmacherei Industrie die Behausungen rar geworden sind. Man muß darauf bedacht sein, Arbeiter-Wohnungen einzurichten. Man spricht von einer Gesellschaft welche Willens wäre, Derartiges zu unternehmen». Tatsächlich: Mitte Dezember informiert die neue Baugesellschaft den Gemeinderat über die Konstituierung. Bekannte Namen sind dabei, u.a. der aktuelle Freiburger Oberamtmann, Charles Chatoney, Johann Friedrich Ludwig Engelhard, Fabrikant Etienne Ovide Domon, Buchbinder Weger und Sekretär Haas. Man schreibt weiter «dem Unternehmen liegen, Tit [gemeint ist der Rat], keine eigennützige Speculationen zu Grunde. Mit dem Aufbau der neuen Häuser wird zur Erweiterung der Stadt, respective Vergrößerung der Bevölkerung» beigetragen. Weiter wurden die Behörden in ihrer Arbeit zur Einführung der Uhrenfabrikation gelobt und baten die Verantwortlichen, die Planung im vorgesehenen Gebiet voranzutreiben.

Entstanden bis etwa 1850 die ersten Gebäude ausserhalb der Ringmauer Murtens – willkürlich je nach Bedarf –, so wurde westlich der Stadt in der «oberen Beunde» oder «St. Katharinen» für das Vorhaben der Baugesellschaft erstmals ein grösseres Gelände in eine Quartierplanung einbezogen. Das Planerduo Hans Rychner und Andreas Merian aus Neuenburg ging rasch an die Arbeit und so entstand bis zum Dezember ein Projekt, das mit Murten Grosses im Sinn hatte. Nicht nur das vorgesehene Katharinengebiet wurde verprojektiert. Murten sollte unter Verzicht der Ringmauer um rund das Doppelte zu einer modernen Stadt mit breiten Strassen ausgebaut werden. Den Behörden war die Sache doch etwas zu utopisch und so wurde durch die vorberatende Kommission empfohlen, nur das Gebiet im südwestlichen Teil im Auge zu behalten, das von der Baugesellschaft gewünscht wird. 1854 entstanden hier vier Uhrmacher-Mietshäuser im Stile «jurassischer Bergdörfer», wie vermerkt wurde. Man baute zwei Haustypen: einer mit Zwei- und einer mit Dreizimmer-Wohnungen. Diese Arbeiterhäuser waren für ihre Zeit revolutionär: Deren Konzept wurde erstmals 1851 an der Londoner Weltausstellung vorgestellt. Als Architekt der Murtner Bauten figurierte ebenfalls Hans Rychner (1813-1869), der ähnliche Häuser auch in La Chaux-de-Fonds, Le Locle und Biel realisierte.

Der Atelierbrand und seine Folgen

In seiner Ausgabe vom 5. März 1856 brachte der «Murtenbieter» einen flammenden Leitartikel mit dem Titel «Hatte Murten von der Uhrenindustrie Nutzen?» Dieser Text fasst die gesamten Hoffnungen und Zukunftsträume zusammen, die man sich damals in Muntelier und Murten machte.

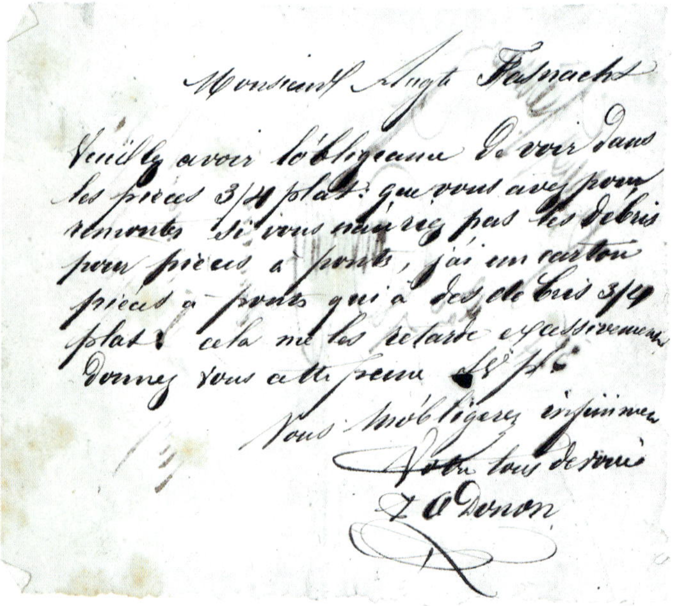
Monsieur Augte Fasnacht

Veuillez avoir l'obligeance de voir dans les pièces 3/4 plat: que vous avez pour remonter si vous n'avez pas les débris pour pièces à ponts, j'ai un carton pièces à ponts qui a des débris 3/4 plat cela me les retarde essentiellement donnez vous cette peine [illegible]

Vous m'obligerez infiniment

Votre tout dévoué

E O Domon

Dokument aus den Anfängen der Uhrenherstellung in Murten und Muntelier: Etienne Ovide Domon schrieb August Fasnacht betreffend Uhrmacher-Kleinmaterial. Um 1855.

«Bald sind fünf Jahre verflossen, seitdem die Industrie der Uhrenmacherei innerhalb unsrer Mauern sich niederliess. Dieser neue Erwerbszweig war ein belebender Sonnenstrahl für die hiesige Bevölkerung, die seit dem Sonderbund durch die Sünden Freiburgs in ein fatales Siechthum gerathen war. Doch wer sich nicht selbst aufgibt und selbst hilft, dem wird geholfen. Diesen Grundsatz nahmen sich die Murtner zu Herzen, sie legten sogleich Hand ans Werk und arbeitsmuthige, thatkräftige Männer brachten es in Verbindung mit unsern Gemeindsbehörden dahin, dass dieser neue Industriezweig lebensfähige Wurzeln schlug. Ein regeres Leben begann sich zu entfalten, die Gross- und Kleinhändler, die Wirthe, die Metzger, die Bäcker, die Bauleute, kurz und gut, alle Handwerker sammt und sonders fühlten den befruchtenden Einfluss dieses goldenen Erwerbszweiges.

Oder war nicht Arbeit die Hülle und Fülle in allen Zweigen? Wurde nicht hier eingerissen, dort neu aufgebaut? Wurde nicht fast jeder Winkel der Stadt, jede schwarze Kammer der Häuser hervorgesucht und durch die schaffende Hand des Zimmermanns, des Schreiners, des Gypsers usw. in wohnliche, heitere Zimmer umgewandelt und somit als zinstragendes Kapital der neuen Industrie übergeben? Oder, Ihr Leute der ärmern Klasse, habt Ihr während der letzten harten Theurungsjahre so furchtbaren Mangel gelitten, dass Ihr dem Verhungern nahe waret, wie es leider in so vielen Theilen unsers Vaterlandes der Fall war? Nein, auch Ihr hattet so viel Arbeit, dass Euer Verdienst Euch vor Elend schützte. Und wem habt Ihr dieses zu verdanken? Und wem haben die Wohlhäblicheren es zu verdanken, dass sie von den Armen nicht mehr belästigt wurden? Das haben die Aermeren wie die Reichern den Rädchen und Zeigern der Uhren zu gut zu schreiben.

Die Uhrenindustrie hat also alle unsere gewerblichen Verhältnisse belebend und befruchtend durchdrungen; sie hat alle Schichten der arbeitenden Volksklassen elektrisirt; sie hat das Kapital der Reichen lebendig gemacht und es in zahlreichen Kanälen für unsere sämmtliche Bevölkerung in wohlthuende, glückliche Zirkulation gesetzt und Murten aus seiner Stagnation herausgerissen, so dass es einer Zukunft entgegen geht, die in gewerblicher Beziehung zu den schönsten Hoffnungen berechtigt.

Nehmen wir nur an, es seien während etwa drei Jahren 400 Arbeiter durch die Uhrenindustrie beschäftigt worden, und jeder dieser Arbeiter habe täglich für seine Arbeit nur 3 Franken erhalten, so erhält man für ein Jahr von 300 Arbeitstagen die nicht unbedeutende Summe von 360 000 Franken. Wahrlich eine schöne Summe für eine Lokalität wie Murten, zumal wenn man bedenkt, dass diese 360 000 Franken eine Zuströmung fremden und beinahe rein gewonnenen Geldes sind.

Fragen wir ferner, wer dieses Geld bekommen hat, so ist die Frage darauf leicht. Es haben's die Gross- und Kleinhändler, die Wirthe, die Bäcker, die Metzger, die Bauleute, kurz alle Handwerker, ebenso die Landbauer, und haben sie auch nur einen kleinen Pflanzplatz (Bünde) gehabt, ja selbst die Taglöhner, kurz die sämmtlichen arbeitenden Klassen der Bevölkerung haben es erhalten. Wer sollte daher nicht wünschen, dass dieses Lebenselement unserm Orte erhalten bleibe? Wer sollte wohl nicht einsehen, dass unser Wohlstand, unsere ökonomische Zukunft einzig und allein von unserer fernern Thätigkeit und unterstützenden Energie für die Entwicklung dieses wichtigen Industriezweiges abhängt? – Doch gottlob sind der Männer noch viele da, welche die Wichtigkeit dieser Gedanken erfassen. Der gute Genius möge ihnen Kraft geben, nicht nur Schöpfer, sondern auch Erhalter grosser, gemeinnütziger Werke zu bleiben!»

Dieser interessante Originaltext ist aber auch vor einem anderen, wahrlich dramatischen Geschehen zu sehen. Am 8. Januar 1856 brannte eines der beiden an das Domon'sche Fabrikationsgebäude angefügte Ateliers ab. Bald einmal machte in Murten das Gerücht die Runde, der Patron selber habe den Brand gelegt um Versicherungsgelder kassieren zu können. Der «Murtenbieter» meldete am 26. März die Verhaftung von Etienne Ovide Domon. Diese sei auf Anzeige der Schweizerischen Mobiliarkasse erfolgt, bei der das beträchtliche vom Brand zerstörte Inventar versichert war. Die Gesellschaft vermutete Versicherungsbetrug und stützte sich dabei auf anonyme Mitteilungen aus Murten. Diese Verhaftung verursachte verständlicherweise bei den Angestellten Domons, aber auch bei allen Murtnern, die in geschäftlichen Beziehungen mit dem Fabrikanten standen, grösste Aufmerksamkeit. Schliesslich zog eine grössere Gruppe von Angestellten mit einer Murtner Deputation bestehend aus Notar Anton Engelhard (Sohn des Johann Friedrich Ludwig) und den Herren Aeschlimann, Fleuty und Dinichert zum Schloss, wo man die Freilassung des Inhaftierten verlangte. Hier orientierte die Kantonsbehörden die Deputation, dass das Gericht nur seiner Pflicht nachgekommen sei und eine Freilassung nicht verfügt werden könne, was von der Deputation akzeptiert wurde, aber im Begleittross kräftige Reaktionen auslöste. Schliesslich gelang es mehreren Murtnern die Sache zu beruhigen. Ein paar Tage später brachte der «Murtenbieter» einen Zweizeiler, dass Etienne Ovide Domon wieder freigelassen worden sei. In der ganzen Angelegenheit machte die Versicherung keine besonders gute Figur. In einem Leserbrief im «Murtenbieter» vom 27. April ereiferte sich der anonyme Verfasser, dass die Gesellschaft nach der Freilassung Domons mit ihren Schikanen weiterfuhr. Nachdem die Unschuld des Fabrikanten festgestellt worden war, musste dieser die beträchtliche Versicherungssumme über Betreibungen und Richter einfordern. Der Schreiber beklagte diese Machenschaften der Versicherungsgesellschaft und erklärte, dass man ja eigentlich die Prämien zahlt, damit man sich ruhig ins Bett legen kann und nicht vor dem Nichts steht, wenn einmal etwas passieren sollte.

Offenbar bestanden bei Domon und anderen Uhrenherstellern in dieser Zeit wirklich Probleme, die dann vielleicht mithalfen, dass das Brandstiftungs-Gerücht entstehen konnte. Der «Murtenbieter», der oft und ausführlich über die bedeutendste Industrie in seinem Verbreitungsgebiet berichtete, deutete in den Titelgeschichten vom 20. Juli und vom 3. August an, dass die Murtner Uhrenfertigung aus konjunkturellen Gründen Absatzprobleme habe und nicht nur wegen dem Brand bei Domon etliche Uhrmacher anderswo Arbeit suchen müssten. Im Juli-Beitrag wird angeregt, dass die neuen Arbeiterhäuser im Murtner Neuquartier (St. Katharinen) verkauft werden sollten, damit Geld frei würde zur Investition in eine zu gründende hiesige Uhren-Vertriebsgesellschaft. Hier wurde wieder einmal ein Grundproblem angesprochen. Die Achillesferse der hiesigen Uhrenfabrikation scheint tatsächlich die fehlende Verkaufsorganisation gewesen zu sein. Im zweiten Leitartikel von anfangs August wurde erwähnt, dass verschiedene andere Zeitungen die Probleme in der Murtner Uhrenfabrikation zu einem überregionalem Thema gemacht hätten, was für sich schon ungünstig sei. Hier brachte der «Murtenbieter» Berichtigungen und schob die Probleme hauptsächlich der schleppenden Auszahlung der Versicherungssumme zu. Domon, der am meisten Mitarbeiter beschäftigte, musste deshalb seinen Betrieb für einige Zeit schliessen, was seine Arbeiter verdienstlos machte. Immerhin sei dieses Problem nun behoben, Domon produziere wieder und man hoffe, dass sie mit der zu erwartenden Dampfschiff-Verbindung «mit dem Zentralpunkte der schweizerischen Uhren-Industrie [La Chaux-de-Fonds/Le Locle] in täglichen schnellen und wohlfeilen Verkehr» bringen wird.

Domon und die neuen Teilhaber

Im «Murtenbieter»-Artikel vom 26. März 1856 wurde erstmals der Name «Dinichert» erwähnt. Es handelt sich hier um Constantin Dinichert (1832-1916) – in verschiedenen Quellen auch Christophe Constantin genannt – der 1853 als junger Uhrenarbeiter nach Murten kam und hier als Sertisseur (Uhrensteinfasser) tätig war. Dinichert hatte die Uhrmacherei in La Chaux-de-Fonds erlernt, stammte aber ursprünglich aus dem Elsass. Anfangs 1856 trat der junge Franzose als Kadermann in den Dienst von Domon ein und kümmerte sich um die kaufmännischen Belange des Unternehmens. Er avancierte rasch zur Vertrauensperson des Chefs, wie aus dem oben erwähnten «Murtenbieter»-Artikel ersichtlich ist. Am 1. November desselben Jahres ernannte ihn Etienne Ovide Domon zu seinem Prokuristen und nur drei Monate später, am 2. Februar 1857, nahm die Karriere des erst 25-Jährigen erneut eine erfreuliche Wende. Etienne Ovide Domon brachte seine Unternehmung in eine Kollektivgesellschaft, die «Domon & Comp.» oder «Domon & Cie.» ein und nahm als Teilhaber seinen in Le Locle wohnhaften Schwiegersohn Heinrich von Büren sowie Constantin Dinichert auf. In dieser Akte wird der Zweck der Gesellschaft hauptsächlich in Produktion von Uhrgehäusen und Zulieferungen aller Art umschrieben und der Anteil von Bürens und Dinicherts mit je einem Sechzehntel am Unternehmen beziffert.

Ebenfalls im Jahre 1857, am 6. April, zog Constantin Dinichert in die Gemeinde Murten, wo er seine Papiere deponierte. Vorher lebte er offenbar in einer Nachbargemeinde Murtens. In dieser Zeit beschäftigte sich Dinichert mit der Familiengründung. Der junge Elsässer verliebte sich in die Tochter Eduard Kinkelins, dem rührigen Mitglied der Murtner Uhrmacher-Kommission. Das Hochzeitsdatum ist in den Murtner Kirchenbücher nicht überliefert. Als Katholik heiratete Dinichert in einer auswärtigen Kirche, da

Constantin Dinichert (1832-1916), Foto aus den jüngeren Jahren, Foto Gustav Baer, um 1870.

Murten zu dieser Zeit noch über keine katholische Kirche verfügte. 1860 wurde das erste von zehn Kindern geboren, die Tochter Bertha. Inzwischen hatte Constantin Dinichert seinen Wohnsitz in die Gemeinde Muntelier verlegt.

Die «Union horlogère» als Verkaufsorganisation

Die Zeit zwischen 1856 und 1859 müssen als wirtschaftlich schwierig angesehen werden. So schrieb der «Murtenbieter» beispielsweise am 23. Mai 1858: «Um dem traurigen Zustande, in welchem sich, wie alle andern Gewerbe, so auch die Uhrenindustrie in Folge der schweren Geldkrisis, welche in letzter Zeit wie ein Alp auf allen Ländern lastete, befand, auf eine wirksame Weise abzuhelfen, haben sich im Kanton Neuenburg einsichtsvolle Männer zusammengethan und nach reiflicher Beratung eine grossartige Gesellschaft, die Union horlogère, gegründet.» Diese Union horlogère war als Selbsthilfeorganisation der Uhrenindustrie gedacht, die in zwei Bereichen tätig werden sollte, nämlich in der Gewährung von Darlehen und Vorschüssen auf Warenlagern, aber auch um den Vertrieb der Produkte zu gewährleisten, «zu welchem Zwecke selbst in den entferntesten Ländern Komptoire» zu errichten sind. Das Kapital der Union horlogère war gewaltig. Vier Millionen Franken sollten den Start des Vorhabens ermöglichen. Sitz der Gesellschaft war in Le Locle und La Chaux-de-Fonds.

Murtens Uhrenproduzenten setzten ihre ganze Kraft dazu ein, der Union horlogère ebenfalls beitreten zu können. Die Bedingungen aus Neuenburg lautete, dass man sich in Murten gebührend an der Zeichnung des Aktienkapitals beteilige, was auch geschah. Im Herbst wurde in Murten eine Agentur der Union horlogère eröffnet, was am 3. Oktober im «Murtenbieter» eine lobenswerte Erwähnung fand. Im gleichen Beitrag erklärte das Lokalblatt nochmals, wie die Union funktioniert. Die Fabrikanten liefern die Uhren in Konsignation, d.h., die Waren werden erst nach dem Verkauf dem Produzenten bezahlt. Die hiesigen Uhrmacher setzten in die neue Gesellschaft viel Hoffnung auf bessere Geschäfte und der «Murtenbieter» schrieb auch, dass es der hiesigen Uhrmacherei wieder besser gehe und sich hier wieder verschiedene kleine «Comptoirs» gebildet hätten. An Bestellungen sollte es nicht fehlen. Dies nach einigen Jahren von Abwanderung der ausgebildeten Leuten und Schliessung von Ateliers.

Die allgemeine Wirtschaftslage war das eine Problem. Dazu kam ein besonders grosses Sorgenkind, die schwierige Verkehrssituation Murtens und der benachbarten Orte. Einst an der wichtigsten Transitstrasse gelegen, musste man zusehen, dass mit dem Bau der Eisenbahnlinie über Freiburg und Oron nach Lausanne die Anbindung an die modernen Transportmittel misslungen ist. Der Bau einer parallelen Linie durchs Mittelland, die Murten auch erschlossen hätte, wurde von Freiburg torpediert. Für die Uhrenhersteller war jedoch eine gute Verbindung nach Neuenburg lebensnotwendig. Da bot sich die Verbesserung des Seewegs an. Allerdings konnten die Neuenburger Dampfschiffe oft wegen dem tiefen Wasserstand in der Broye nicht in den Murtensee fahren. Domon intervenierte so lange, bis Freiburg 1856 begann die Broye tiefer zu legen, Arbeiten, die bis 1860 dauerten. 1861/62 kam es zum Ausbau des Murtner Hafens, der bei zu hohem oder zu tiefem Wasserstand gar nicht mehr angefahren werden konnte. Trotzdem war bis zur Beendigung der Juragewässerkorrektion im Jahre 1891 nicht an eine regelmässige Schifffahrtsverbindung zu denken, was gerade aus Uhrmacherkreisen oft und laut beklagt wurde.

Hoffnung in die Ad. Delaprez & Cie.

Ende der 1850er-Jahre setzte man in Murten in Sachen Uhrengewerbe zum ganz grossen Sprung an. 36 Personen aus der Bürgerschaft zeichneten 53 Aktien zu je 1000 Franken für eine neue Firma, die Stadt investierte – forciert durch die Uhrmacherkommission – aus ihrem damals noch stattlichen Vermögen 100 000 Franken in das Projekt und der vorgesehene Chef des neuen Hauses, der aus Muntelier stammende und in La Chaux-de-Fonds als Etablisseur tätige Adolf Delaprez, steuerte ebenfalls 20 000 bei. Mit einem Kapital von stattlichen 173 000 Franken konnte das Unternehmen gestartet werden. Zweck: Übernahme und Ausbau von Delaprez Komptoirs mit vorgesehener Verlegung nach Murten. Der «Murtenbieter» begleitete das Vorhaben medial und lobte es in höchsten Tönen. Die Redaktion fand, dass die hiesige Gegend sehr zum Gedeihen der Uhrenindustrie geeignet sei und

Zeitzonenuhr von Samuel Tschumy. Der Uhrmacher kam 1862 nach Murten, zog aber bald wieder weg. Auf dem Zifferblatt falsch bezeichnet «F. Tschumy Morat». Gehäuse fehlt.

eigentlich ebenso gut prosperieren könne wie z.B. Biel, «welches uns in dieser Beziehung ein nachahmungswerthes Beispiel von Bürger- und Gemeinsinn gibt, der im Aufblühen der Stadt ihre herrlichen Früchte trägt». Weiter schreibt das Lokalblatt, dass ein finanzkräftiges «Uhrenfabrikationskomptoir» zum Vertrieb der Fabrikate unabdingbar für den Aufschwung sei. Es gäbe eine Menge interessierter Uhrmacher, die sich wieder in unserer Gegend niederlassen und arbeiten möchten, wenn nur der direkte Vertrieb der Uhren in Schwung gebracht werden könne. Im Frühling 1859 startete die Ad. Delaprez & Cie. ihre Aktivitäten. In seinem ersten Jahresbericht rapportierte Delaprez über die Geschäftstätigkeit, aus der ein Defizit resultierte, das der Geschäftsleiter hauptsächlich dem widrigen Wirtschaftsumfeld zuschrieb. Fabriziert wurden im ersten Geschäftsjahr 1100 Golduhren, 1900 Silberuhren, hinzugekauft wurden 560 Gold-Silberuhren, total 3560 Uhren. Davon sind 2279 verkauft worden, 1221 waren noch an Lager. Der Umsatz betrug 156 565 Franken, der Bruttoertrag machte 23 781.62 Franken. Es resultierte ein Defizit von 2225.77, dazu noch ein Zahlungsausfall von 3140 Franken. Beschäftigt wurden in Murten und wohl auch in Muntelier bis zu 80 Uhrenarbeiter, dies hauptsächlich in Heimarbeit. Gemäss Statuten hätte die Gesellschaft liquidiert werden können. Die Aktionärsversammlung beschloss jedoch Beibehaltung, umso mehr Delaprez versprach das Defizit auszugleichen. Auch das nächste Geschäftsjahr 1860 war in den Augen der Aktionäre wenig erbaulich. So kam es 1861/62 zur Schliessung. Die Aktionäre, hauptsächlich die Stadt Murten, kamen mit einem blauen Auge davon.

Wechsel nach Muntelier

Nach dem Brand von 1856 war der zerstörte ostseitige Atelieranbau am «Leist» wieder aufgebaut worden. Es zeigte sich aber mehr und mehr, dass die als Wohn- und Gesellschaftshaus erbaute klassizistische Villa den Anforderungen für ein Produktionsgebäude nicht mehr genügte. Zudem schmiedeten offenbar Domon und seine beiden jungen Associés Pläne zum Ausbau des Unternehmens, die sich in diesem Domizil nicht realisieren liessen. Im «Murtenbieter» vom 14. Februar 1858 wird von einigen «Kapitalisten» – damals war diese Bezeichnung noch nicht negativ belastet – geschrieben, die sich um eine rationelle Uhrenfertigung kümmern wollten. Ob damit Domon und seine Crew als Financiers gemeint waren? Man wird es nie wissen. Naheliegend ist tatsächlich die Erweiterung der Schalenmacherei mit zentralisierten Uhrmacherateliers in einem Gebäude um rationeller fertigen sowie Dampfmaschinen einsetzen zu können, da sich dies erst bei einer gewissen Grösse lohnt. So sollte die hiesige Uhrmacherei gegenüber der Uhrenfertigung im Jurabogen gewährleistet werden, wo die Mechanisierung schon weit fortgeschritten war.

Die Uhrenfabrik Muntelier nach der Umgestaltung und Vergrösserung 1860 und vor dem Bau des Direktionspavillons, Foto Josef Lerf, um 1875.

Interessant ist, dass gemäss «Murtenbieter» vom 9. März 1859 die Uhrmacherei in den Kantonen Neuenburg, Bern, Genf, Solothurn, Waadt, Freiburg und Baselland total 60 000 Menschen beschäftigte, Frauen und Kinder (Kinderarbeit war damals üblich) mit einberechnet. 1857 führte die Schweiz für rund 8,28 Mio. Franken Uhren ein und exportierte für fast 102 Mio. Franken Uhren. Damit befand sich dieser Industriezweig auf Platz zwei der Exportgüter nach der Seidenproduktion (Export für 300 Mio.). Dagegen exportierte unser Land Hüte und Strohgeflechte, ein Gewerbe, das in unserer Gegend damals recht wichtig war, für bloss 5 Mio. Franken.

Das Auge der Unternehmer im Murtner Stadtgraben fiel auf das Areal der ehemaligen Rotfärberei Erath im Muntelierer Marcoup, die schon Uhrmacher aus der Fasnacht'schen Ansiedlung beherbergte. Ende der 1850er-Jahre konnte Domon die stattliche Parzelle mit den verschiedenen 1825/26 und einem Brand von 1828 erbauten Liegenschaften am Bach kaufen.

Sofort machten sich die Unternehmer an die Planung der notwendigen Um- und Neubauten ihres neuen Domizils. Das eigentliche Fabrikhaus mit Wohnung und Schopf, das sich auf der nördlichen Schmalseite vom Bach bis zur Fabrikstrasse zog, musste umfassend saniert und für die Bedürfnisse der Uhrenfabrikation ausgebaut werden. Dazu gehörte eine grosszügige Befensterung der Fassade, damit möglichst viel Licht in die Ateliers kommen konnte. Im März 1860 schrieb Domon den Grossauftrag für 100 Fenster im «Murtenbieter» öffentlich aus. Die Bauarbeiten konnten grösstenteils noch im selben Jahr abgeschlossen werden. Das bestehende Gebäude war

Das Wohnhaus Etienne Ovide Domons an der Muntelierer Hauptstrasse.

von der Gebäudeversicherung vor den Umbauten auf 17 500 Franken geschätzt worden. Nach dem Um- und Ausbau durch Domon taxierte man den Fabrikbau auf 25 000 Franken. Dazu kamen neu ein eingemauerter Dampfkessel zu 1500 Franken, eine im Dezember in Betrieb genommene Dampfmaschine zu 7000 Franken, dazu ein kleines Servicegebäude, das an die Fabrik gebaut wurde mit der Taxe von zusätzlichen 5000 Franken. Die Investitionen durch Domon beliefen sich auf total 21 000 Franken. Zum Vergleich: Für 13 800 Franken war die respektable klassizistische Villa im Stadtgraben zu Murten, das Leistgebäude, geschätzt worden. Nach dem Umzug verkaufte Etienne Ovide Domon die Liegenschaft im Stadtgraben. Käufer waren wiederum Uhrenleute, die Gebrüder Justin und Daniel Jeanneret sowie der Murtner Emil Chatoney, die hier ihre Firma für Uhrenhandel und -fabrikation betrieben.

Die Unternehmung aus der Nähe betrachtet

Bis 1861 ist über Domons Produktion und den Verkauf im Detail nichts bekannt. Am 30. September dieses Jahres schloss Etienne Ovide, der sich nun «fabricant d'horlogerie à Montilier près Morat» nannte, bei seinem Notar Louis Vacheron einen wichtigen Exportvertrag mit der Firma Léopold Cohen & Brother in Birmingham ab. In dieser Urkunde wurde vereinbart, dass Domon Uhren eigener Produktion mit einer selber entwickelten Aufzugsvorrichtung zu liefern habe, die Cohen exklusiv in Grossbritannien verkaufen dürfe. Domons Fabrik hatte in der Woche vier Dutzend, also 48 Stück, zu liefern, im Jahr also rund 2500 Exemplare. Diese wöchentliche Lieferung umfasste Uhren vom Typ «Lépine», d.h. Uhren ohne Metall-Schutzdeckel über dem Zifferblatt und dem kleinen Sekundenzeiger in der Linie zum Aufzug. Von diesen vier Dutzend Lépines waren ungefähr die Hälfte in gravierten Goldgehäusen mit Staubdeckel aus Messing zu 92 Franken und die andere Hälfte in ebenfalls gravierten Silbergehäusen zu 42 Franken das Stück zu liefern. Die Zahlung hatte über die Firma Kahn-Limburger & Cie. in La Chaux-de-Fonds zu geschehen. Neben dem Exklusiv-Verkauf in Grossbritannien umfasste dieses Recht auch die umfangreichen Kolonien Englands, Cohen wurde dabei die Eigenproduktion untersagt. Domon garantierte den Bezügern regulierte und kontrollierte Uhren. Cohen durfte den Vertrag künden, falls der Verkauf der vereinbarten Menge nicht möglich sei, die Kündigungsfrist betrug sechs Wochen. Allerdings konnten Cohen & Brother auch grössere Stückzahlen bestellen und auch teurere Uhren als die beschriebenen.

Aus der Liquidation der oben erwähnten Firma Ad. Delaprez & Cie., die Domon auch belieferte (sicher mit Uhrgehäusen) konnte Domon Ende Dezember 1862 die Restbestände aus dem Warenlager wohl zu einem «Schnäppchenpreis» übernehmen. Für die nicht genau umschriebenen Uhren offerierte der Unternehmer 21 600 Franken, zahlbar in vier Raten von Ende Januar bis Ende Mai. Das Schreiben Domons trägt die Firmenbezeichnung «Domon & Cie. Montilier près Morat Suisse». Aus den 1860er- und 1870er-Jahren sind in den «Minutes» des Notars Louis Vacheron zahlreiche Verträge über Zahlungen für Lieferungen von Uhren und Uhrenbestandteilen an Uhrmacher in Murten und an Etablisseure in La Chaux-de-Fonds überliefert.

1865 regelte der unterdessen 58-jährig gewordene Etienne Ovide seine Nachfolge. Er trat ins zweite Glied zurück, liess aber seinen Anteil von 105 000 Franken im Unternehmen. Eigentliche Akteure wurden nun Constantin Dinichert mit einem Anteil von 17 000 Franken und Domons Sohn Ovide mit 15 000. Schwiegersohn Heinrich von Büren war nicht mehr

Der Genfer Jacques François Dunand gründete 1863 in Murten eine Zifferblatt-Werkstätte. Vom 1860 geborenen Sohn John Dunand hat sich ein wunderschöner Präsentierkoffer mit feinsten Arbeiten des Ateliers erhalten.

dabei, er lebte inzwischen in Biel und besass dort eine eigene Uhrenfabrik. Die beiden Fabriken blieben aber in geschäftlichem Kontakt.

Durch die Teilnahme der Muntelierer Uhrenfabrik an der Pariser Weltausstellung im Jahre 1868 wurden interessante Angaben bekannt, die ein recht plastisches Bild der Unternehmung vermitteln. Der «Murtenbieter» übernahm diesen Beschrieb in seiner Ausgabe vom 29. März für das hiesige Publikum. Die Kollektivgesellschaft Domon fils & Dinichert beschäftigte zu dieser Zeit insgesamt 450 Arbeiter. Man produziert verkaufsfertige Uhren, ferner Rohwerke und Gehäuse. Die Gehäuse bestehen aus einer speziellen Aluminium-Legierung, das sogenannte Domon-Metall. Insgesamt verlassen in Muntelier jährlich 30 000 fertige Uhren die Fabrik, welche nach den USA, Mexiko, in die englischen und holländischen Kolonien, nach Ägypten, Spanien und Italien exportiert werden. Zudem verkauft man Firmen in Frankreich und der Schweiz Rohwerke und Gehäuse, die dann ihre eigenen Uhren daraus machen. Gerühmt werden die niedrigen Preise. Eine Lépine mit Zylinderhemmung in goldfarbener Metalllegierung kostet 13.50 Franken, eine Savonnette mit Sprungdeckel «Genre Boston» mit Ankerhemmung 28 Franken. Diese Zahlen zeigen, dass die Fabrik in Muntelier nur knappe acht Jahre nach ihrem Ausbau den Anschluss zu den grösseren jurassischen Fabrikationsbetrieben in der damaligen Zeit gefunden hat und durchaus mit Betrieben wie Longines (Produktion 20 000 Stück im Jahr 1885 und sehr modern) mithalten konnte.

Zur grossen Murtenschlachtfeier 1876 wurde in Murten und Muntelier das Gaslicht eingeführt und an der Ryf bei der alten Stadtmühle eine Gasfabrik errichtet. Die Basler Konstrukteure Maring & Merz verpflichteten sich zur Betreibung der Gasbeleuchtung während der Festlichkeiten auf eigene Rechnung, danach sollten die Anlagen in den Besitz der Gemeinde übergehen. Vorgesehen war der Bau im Umfang von 500 Flammen, davon waren 250 Flammen für die Fabrik Domon vorgesehen, 150 für private Bezüger in Murten und Muntelier sowie der Rest für die öffentliche Beleuchtung in den beiden Gemeinden.

1863 ernannte Muntelier Etienne Ovide Domon zu ihrem Ehrenbürger als Dank für seine Verdienste um die Gemeinde. Im Herzen Unternehmer, versuchte er auch nach seinem Rücktritt neue Ideen zu realisieren. So schrieb er im Februar 1866 an den Murtner Gemeinderat, dieser solle ihm das ehemalige «Spital» an der Ryf bei der Stadtmühle vermieten, das hauptsächlich als Armenhaus der Stadt gedient hatte. Domon senior wollte hier ein neues «Uhrenfabrikationsgeschäft» aufziehen. Das Vorhaben kam allerdings nicht zu Stande. Dafür beschäftigte er sich später mit Elfenbeinschnitzerei in Muntelier. 1868 wurde Etienne Ovide Domon als Mitglied der Freisinnigen in den Grossen Rat des Kantons Freiburg gewählt, ein Amt, das er aber nur kurz ausübte. Im Jahr darauf, am 26. Februar 1869 verstarb nach langer Krankheit seine Gattin Aimée, ein komplizierter Erbschaftsfall entwickelte sich zwischen Vater Etienne Ovide, dem Sohn Ovide und der Tochter Louise von Büren-Domon. Das ererbte Vermögen der Mutter steckte in den Liegenschaften der Uhrenfabrik und so musste das Geld für die Miterben grundpfandrechtlich gesichert werden. Zuerst wohnte die Familie im grossen Haus gegenüber dem Schulhaus und in den 1860er-Jahren erwarb man das Schloss Muntelier, das ihr nun als Wohnsitz diente. Nach dem Tode seiner ersten Gattin heiratete Domon nochmals, aus dieser Verbindung stammte ein weiterer Sohn. Der Gründer der hiesigen Uhrenfabrik starb am 9. Juli 1873 mitten aus einem immer noch regsamen Leben heraus. Im «Murtenbieter» erschien weder eine Todesanzeige noch ein Nachruf auf diesen interessanten Industriepionier.

Wie der Vater, war auch Sohn Ovide für die Öffentlichkeit tätig und sass u.a., als er noch Wohnsitz in Murten hatte, im Generalrat. Bei seinen Aktivitäten ging es ihm hauptsächlich um die Verbesserung der Rahmenbedingungen für das örtliche Gewerbe, was natürlich sein eigenes Unternehmen mit einschloss. Der Schwerpunkt lag auf Förderung des öffentlichen Verkehrs, dem Bau der «Längenbahn» (Broyetallinie), für die während vieler Jahre gekämpft werden musste, sowie die Bemühungen um die Gründung einer Murtner Schifffahrtsgesellschaft. 1869 entstand die Société de Navigation à Vapeur de Morat. Diese kaufte den Dampfer «Hallwyl», mit dem endlich, endlich die regelmässigen Fahrten und Warentransporte nach Neuenburg

Vom Patrizierschloss zum Fabrikantensitz: Nach dem Konkurs von Domon junior erwarb die Société suisse d'horlogerie den Besitz für ihren Direktor Constantin Dinichert. 1918 von der Gesellschaft an die Familie Dinichert verkauft, die es heute noch besitzt. Ansichtskarte, um 1910.

für die Uhrenzentren in den Jurabergen sichergestellt werden konnten. Bei der Schifffahrtsgesellschaft liess er sich gar in die Geschäftsleitung wählen, so wichtig war für ihn die Angelegenheit.

Dinichert verlässt die Uhrenfabrik

Domon junior war eher von ruppiger und überheblicher Natur. Er soll in der französischen Fremdenlegion Dienst getan haben, die nicht gerade für zarten zwischenmenschlichen Umgangston bekannt ist. So ist ein Fall überliefert, wo Ovide Domon aus heiterem Himmel sich mitten im Städtchen Murten mit einem honorablen Murtner, Advokat und nebenberuflicher Redaktor des «Murtenbieters», eine heftige Schlägerei geliefert hat. Der Grund lag offenbar in politischen Differenzen zwischen Freisinnigen. Im gleichen Atemzuge konnte sich der Hitzkopf aber auch für eine Geldsammlung zugunsten Überschwemmungsgeschädigter in Südfrankreich engagieren. Ein anderes Mal äusserte sich Domon verletzend über das Murtner Lokalblatt, um dieses gleich einige Monate später mit Geschäftsfreunden zu kaufen! Dass sich der Fabrikant in seinem Blatt als Wohltäter von Muntelier feiern liess, ist nicht weiter verwunderlich. So schrieb der «Murtenbieter» am 3. Februar 1875: «Es ist wohl einer öffentlichen Erwähnung werth, dass in diesen Tagen zum ersten Mal die Strassenbeleuchtung bei uns [in Muntelier] eingeführt worden ist. Wir verdanken auch diesen lokalen Fortschritt wie überhaupt die zunehmende Blüthe der Ortschaft, unserer Industrie, an deren Spitze die Fabrik Domon steht. Es drängt sich Einem in der That die Betrachtung auf, wie sehr vor noch zirka 20-30 Jahren Montilier zurückgestanden und wie es sich seither aus den primitiven Verhältnissen eines ärmlichen Fischerdörfchens zu einer Stufe des ökonomischen Wohlseins, die wir mit Vergnügen konstatiren emporgearbeitet hat (...).»

Für Domons Associé Constantin Dinichert war die Zusammenarbeit in der Uhrenfabrik sicher nicht immer ein Zuckerlecken. So ist es nicht weiter verwunderlich, dass der 1865 auf zehn Jahre abgeschlossene Teilhabervertrag nach Ablauf Ende März 1875 nicht verlängert worden ist, sondern einfach auslief. Dinichert hatte seine beruflichen Weichen anders gestellt, er wollte nach über 20 Jahren das ihm zur Heimat gewordene Murtenbiet verlassen.

Lépines mit Schlüsselaufzügen in blanken, silberfarbenen Gehäusen Metall «Silverine» und «Silverore» der Montilier. Drei Uhren mit versilberten Montilier-Werken, eine wohl original mit Werk der amerikanischen Waltham Watch. Montilier exportierte auch Uhren-Einzelteile und Gehäuse. Um 1870-1880.

Die Herstellung der Muntelierer Uhr

Beim vorliegenden Beschrieb der Fabrikation und Verwaltung der Uhrenfabrik Muntelier handelt es sich um die gekürzte Übersetzung einer Studienarbeit von Yvonne Dinichert aus dem Jahr 1936. Sie schreibt dazu: «Als kleines Mädchen habe ich mich schon für die Uhrenfabrik Muntelier interessiert, weil mein Grossvater dort gearbeitet hat. Jetzt, wo ich die Handelsschule besuche, bin ich froh, mich noch eingehender damit zu befassen. Dank meines Grossvaters kenne ich das ganze ‹Räderwerk›.»

Die 18-jährige Yvonne Dinichert beschreibt in ihrer «Travail de bureau» gewissermassen einen Idealzustand des Unternehmens in seiner Blütezeit Ende des 19. Jahrhunderts, wie er 1936 gar nicht mehr bestanden hat. Verschiedene von der Handelsschülerin beschriebene Produktionszweige sind schon Jahre zuvor aufgegeben worden, so z.B. die Herstellung der Rohwerke, die man nun zukauft und veredelt. Ein Teil des Fabrikareals war der Saia vermietet, was Yvonne Dinichert auch nicht vermerkte.

Im Magazin der Fabrik werden die für die Fabrikation von Rohwerken verwendeten Materialien gelagert: Messing, Stahl, Nickel. Das Rohwerk (ébauche), ein Uhrwerk ohne das Räderwerk, wird in der Regel aus Messing hergestellt. Bei einer gepflegteren Uhr gibt es auch Rohwerke aus Nickel. In der Muntelierer Fabrik wird nur Messing verwendet. Das Rohwerk besteht aus einer Platine (Werkplatte), verschiedenen Brücken für das Federhaus, die Räder, die Hemmung oder den Unruhkloben. Erhält der Chef des Rohwerk-Ateliers eine Bestellung vom Büro, teilt er dies dem Magaziner mit, welcher die Materialien bereitstellt.

Im mechanischen Atelier und der Formdreherei befinden sich die Pressen zum Zuschneiden der Platinen, Brücken usw. Im selben Raum befinden sich auch Drehautomaten, mit welchen man die verschiedenen Schräubchen, Wellen oder Federgehäuse fertigt. Die so hergestellten Stücke werden ebenfalls ins Rohwerk-Atelier gebracht. Auf der Drehbank ordnet man sie gemäss Dicke und Kalibergrösse, man bohrt und körnt sie mit Stahlstiften. Diese Stifte schaffen die Löcher für die Schräubchen, Brücken und Zifferblatt-Verankerungen. Ist dies geschehen, werden die Platinen und Brücken auf der Drehbank ausgefräst, um Platz für das Räderwerk zu schaffen, insbesondere für das Federhaus. Dieses wird die Antriebsfeder enthalten, welche das Uhrwerk zum Laufen bringt. Für die Räder werden die Zähne gefräst, 72, 74 bis 80 Zähne pro Rädchen. Dies geschieht auf eigens gefertigten Maschinen. Die ganze Arbeit am Rohwerk wird den Arbeitern gemäss Stückzahl bezahlt. Somit verdient ein flinker Arbeiter mehr als ein weniger geschickter.

Die fertig gestellten Teile des Rohwerkes werden in die Werkstatt zum Einsetzen (sertissage) weitergeleitet. Darunter versteht man das Einsetzen von Steinen. In einem Uhrwerk laufen fast alle Zapfen der Drehteile auf Steinen. Bei feineren Uhren sind diese Steine aus Rubin, bei billigeren aus dem fragileren Granat. Das Einsetzen ist ein schneller Prozess auf Maschinen mit drei Spindeln. Die Platine oder die Brücke werden mit Spannklauen auf der Maschinentrommel fixiert. Mit der ersten Spindel macht man ein Gewinde und ein Loch für die Steine. Der Steinsetzer legt mit einer Kornzange den Stein in die Vertiefung. Mit der zweiten und der dritten Spindel verschliesst und ebnet der Arbeiter die Stelle. Ein Arbeiter kann an einem Arbeitstag bis zu 5000 Teile setzen.

Nach dem Einsetzen übergibt man die Uhrwerke in Rohform zur Vergoldung oder Vernickelung. Einige Empfängerländer verlangen eher nach vergoldeten, andere nach vernickelten Uhrwerken.

Die Rohwerke verlassen die Galvanisierung in Sechserkartons, um mit Bestandteilen ergänzt zu werden: Feder, Sperrrad, Zeigerstellrad, Zeiger. Das Räderwerk besteht aus Rädern verschiedener Grösse, je nachdem ob sie für den Stunden- oder Sekundenzeiger sind. Dazu gibt es ein Hemmungsrad, eine Ankergabel sowie die Unruh. Danach folgen drei Arbeitsschritte: die Montage des Aufziehmechanismus, des Räderwerks und der Hemmung. Diese Arbeiten werden von Arbeitern ausgeführt, welche pro Sechserkarton bezahlt werden. Ganz zuletzt erfolgt das Einsetzen des Zifferblattes und der Zeiger. Die Uhr ist dann bereit, aber sie muss noch auf ihre Genauigkeit geprüft und eventuell korrigiert werden.

Für Amerika und Japan werden generell nur die Uhrwerke geliefert. Die Fabrikanten dieser Länder stellen ihre Gehäuse selber her und setzen die Schweizer Uhrwerke dort ein. Für die anderen Länder liefert man in der Regel komplett gefertigte Uhren.

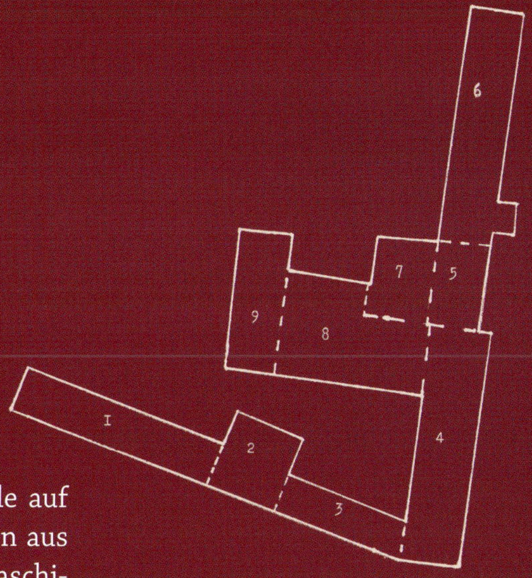

Plan und Büros

Erdgeschoss:
I. Magazin, 2. Wohnung des Portiers, 3. Garderoben, 4. Schalenmacherei; 5. Walzen, 6. Rohwerke, 7. Heizung, 8. Mechanisches Atelier, 9. Vernickelung.

Obergeschoss:
I. Versandbüro, 2. Verwaltungsbüros, 3. Bestandteile, 4. Montage, Reglierung, 5. Einsetzen, 6. Rohwerke.

Die kommerzielle und administrative Arbeit

Das Büro der Uhrenfabrik beschäftigt vier Personen: Der Buchhalter kümmert sich um die Rechnungsführung, die Kontrolle und Statistik, die Löhne und Versicherungen der Arbeitnehmer, sowie die Abrechnung mit den Lieferanten; sein Gehilfe führt die laufenden Konten der Lieferanten, die Kontrolle des Fabrikationslagers und der Lohnbüchlein; die Schreibsekretärin erledigt die Korrespondenz, die Archivierung der Korrespondenz sowie den Postverkehr; ein Angestellter kontrolliert die Bestellungen, die Weiterleitung in die Fabrikation, die aus der Fabrikation gelieferte Ware, die Rechnungen. Der Direktor kümmert sich um die Verwaltung, die Werbung und die Reisen. Er erstattet dem Verwaltungsrat regelmässig Bericht. Er ist verantwortlich für Preisgestaltung und den Geschäftsgang, und er behandelt Reklamationen.

Waren und Rohmaterial treffen in der Regel per Lastwagen oder Post ein. Die Fabrik hat kein Konto, weder auf der Post noch beim Bahnhof. Man weiss nicht, ob die gelieferte Ware versichert ist. Dies ist Sache des Lieferanten.

Die Muntelierer Uhrenfabrik als vollständige Manufaktur stellte lange Zeit die kleinsten Uhrenteile selber her. In der heutigen Zeit machen dies nur noch wenige edle Uhrenfirmen wie Jaeger-LeCoultre in Le Sentier (Illustrationen aus der Manufaktur Jaeger-LeCoultre).

Alles, was die Fabrik liefert, ist versichert und wird dem Kunden verrechnet. Die gelieferte Ware wird vom Magaziner in Empfang genommen. Gewicht, Stückzahl und Einheitspreise werden in einer Totalrechnung erfasst und visiert. Alles wird dann klassiert und in Kontrollbüchlein erfasst.

Die Uhrenfabrik macht Werbung für seine Produkte in Zeitungen, an Ausstellungen, in Katalogen und Zeitschriften, auf Geschäftsreisen, durch Warenmuster sowie Kundengeschenke. Am teuersten sind die Ausstellungen. Es gibt keine gesonderte Erfassung der Kosten und der Effizienz der Werbung. Oft werden Offerten ohne konkrete Anfrage verschickt. Auch hat die Uhrenfabrik Abonnemente bei Agenturen, welche Informationen wie Kreditwürdigkeit, Ruf und Wichtigkeit über bislang unbekannte Kunden einholen.

Bestellungen werden an den Fabrikationschef weitergeleitet und in einem Bestellungsbuch erfasst. Jegliche Bestellung wird mit Preis bestätigt. Einige Bestellungen erfolgen erst per Telefon oder Telegraf und werden anschliessend schriftlich bestätigt. Der Posteingang erfolgt drei Mal am Tag, um 8 Uhr, 11 Uhr, 15 Uhr. Der Direktor öffnet die Post, versieht sie mit einem Stempel des Empfangsdatums und leitet sie weiter.

Société suisse d'horlogerie, fabrique de Montilier

WIE DER KURZZEIT-PORZELLANHÄNDLER DINICHERT WIEDER ZU SEINER UHRENFABRIK KAM UND SIE IN SCHWUNG BRACHTE

6

Eine der imposantesten Uhren aus der Montilier-Produktion vor 1900 ist dieser Chronograph. Vergoldete Vollplatine, aufgesetzter Unruhekloben, Schlüsselaufzug. Im vergoldeten ziselierten Gehäuse Hinweis auf Silbermedaille der Weltausstellung Paris 1889. Fein ziselierte, vergoldete Minuten- und Stundenzeiger, gebläute Sekundenzeiger, die kleine Sekunde läuft rückwärts. Bei Stopp wird das Werk kurz angehalten.

Constantin Dinichert-Kinkelin erarbeitete sich eine respektable Stellung. Als junger und vor allem mittelloser Uhrmacher und Sertisseur liess er sich in unserer Region nieder und nahm am «Abenteuer» der Einführung der Uhrmacherei teil. Sein kaufmännisches und verkäuferisches Flair wurde rasch erkannt, er avancierte zum Teilhaber des Uhren- und Gehäusefabrikanten Etienne Ovide Domon. 1871 gab Dinichert seine französische

Staatsbürgerschaft auf. Dinicherts ursprüngliche Heimat, das Elsass, war durch den deutsch-französischen Krieg 1870/71 deutsch geworden. Als respektierter Co-Patron der Uhrenfabrik in Muntelier war es ein Leichtes für ihn 1871 das Murtner Bürgerrecht zu erwerben und damit Schweizer zu werden. Ab 1874 sass Dinichert im Murtner Gemeinderat. Miteigentümer einer gut gehenden Uhrenfabrik, Wohnung in einem der schönsten Häuser der Stadt – der Campagne bei den Scheuern –, geachteter Lokalpolitiker, kein Zweifel: Dinichert hatte es geschafft, er gehörte zur Murtner Hautevolée! Und dann der abrupte Wechsel! Dinichert trat aus dem Gemeinderat zurück, kündigte seine Wohnung und liess den Teilhabervertrag mit Domon junior auslaufen.

Constantin Dinichert wechselte verschiedentlich die Wohnungen. Vor seinem Umzug nach Bern 1875 lebte er in der Campagne «bei den Scheuern» beim Bahnhof. Um 1890.

Domons Konkurs

Was führte der 43-jährige Unternehmer im Schilde? Genau weiss man das nicht, Vermutungen lassen den Schluss auf zwei rasch aufeinanderfolgende Abschnitte zu, die Dinicherts Leben aber nur scheinbar völlig umkrempeln sollten und die vielleicht sogar von Beginn an geplant waren.

Dinichert zog mit seiner Familie im Frühjahr 1875 nach Bern. Dort lebte bereits seit knapp 20 Jahren schon sein Schwiegervater Eduard Kinkelin (1797-1879), der das von seiner Tante geerbte und von einem Geschäftsführer lange betreute Porzellangeschäft übernommen hatte und selber leitete. Es handelte sich hier um ein Detailwaren-Geschäft und nicht um eine Porzellanfabrik, wie dies verschiedene Nachrufe nach Dinicherts Tod suggerieren wollten. Dieser Laden muss doch von einiger Grösse gewesen sein. Albert von Tavel, der ältere Bruder des bedeutenden Berner Autors Rudolf von Tavel, schrieb über das Geschäft in seinen berndeutschen Erinnerungen: «Wyter isch [an der Berner Marktgasse], im Huus vom Herr vo Diesbach, der Gschirrlade Kinkelin cho, e Montere [Schaufenster] mit chlyne Schybli, aber dinne – was Sache, was Sache! Der Herr Kinkelin isch gloub vo Murte cho, drum het's Lüt gä wo ‹Quinquelin› gseit hei; er het mit syr Frau und sym einzige Suhn Arnold [aus zweiter Ehe] unde a der Judegass [heute Amthausgasse] es schöns Logis gha. Der Arnold isch mit mir i der glyche Klass gsi, und mir hei's guet zäme chönne. (...)». Vermutlich musste Dinichert seinem 78-jährigen Schwiegervater in dessen Geschirrladen zur Hand

Eduard Kinkelin (1797-1879), langjähriger Zeichenlehrer in Murten, Mitglied der Uhrmacher-Kommission und Schwiegervater Dinicherts. Um 1870.

gehen. Das wäre der familiäre Grund zum Wohnungswechsel nach Bern und der Aufgabe seiner unternehmerischen Tätigkeit als Uhrenindustrieller in Muntelier.

Es gab aber auch noch einen anderen Grund. Domon junior, Haupteigentümer der Munteliere Uhrenfabrik, stand privat vor dem Konkurs. Das dürfte seinem Associé Dinichert nicht entgangen sein. Wahrscheinlich wollte er diesen Schwierigkeiten, die auch die Fabrik erfassen würden, aus dem Wege gehen und seinen Anteil vor Verlusten sichern. Der agile Fabrikant – Co-Chef über rund 450 Mitarbeiter – Krämer in einem Geschirrladen an der damals noch etwas verschlafenen Berner Marktgasse? Eher unvorstellbar!

Inzwischen ist eingetroffen, was Dinichert geahnt haben muss. Ovide Domon ging Ende 1875 mit seinem Privatvermögen in Konkurs. Auslöser waren Domons missliche private finanzielle Verhältnisse und die fehlenden Erträge aus der Uhrenfabrik, da sich die Wirtschaft wieder einmal im Abschwung befand.

Leidtragende waren wie immer in Krisen die Uhrenindustriellen, die ihre Produktion sehr rasch viel schwerer absetzen konnten. Hinzu kam in den 1870er-Jahren der Siegeszug der amerikanischen Uhrenfabriken. Besonders der Firmen Waltham Watch und Elgin Watch, die beide in der Massenfertigung für günstige Uhren tätig waren. Waltham, 1850 gegründet, hatte lange einen Ausstoss in der Grössenordnung der Munteliere Fabrik, also etwa 30 000 Stück pro Jahr. Dann, 1872/73, waren es schon 91 000 Stück und schliesslich steigerte man sich bis 1889/90 auf 882 000 Uhren im Jahr! Dieser Aufschwung der amerikanischen Uhrenfabrikation hatte einen direkten Ausschlag auf die Schweizer Produktion. Exportierte man 1872 noch für 18 Mio. Franken Uhren in die USA, sank die Ausfuhr 1874 auf 12 Mio., um 1877, auf dramatisch unter 4 Mio. zu fallen. Selbst der «Murtenbieter» berichtet über den Siegeszug der Amerikaner und deren unzimperlichen Methoden, wie sie die Schweizer aus dem Markt warfen. Zum Schluss meinte das Murtner Lokalblatt am 11. Oktober 1876 resigniert: «Im Detailhandel werden keine schweizerischen Uhren abgesetzt und wenn man in der Schweiz nicht allen Ernstes auf eine Verbesserung der Waare und auf Abstellung gewisser geschäftlicher Kniffe Bedacht nehme, so werde das Absatzfeld in Amerika uns bald verloren gehen.» Diese Baisse musste sich in diesen Jahren auch auf die stark exportabhängige Munteliere Fabrik ausgewirkt haben.

Zum Besuch der Weltausstellung 1876 in Philadelphia entsandten die Schweizer Uhrenfabrikanten zwei Delegierte, die in die Heimat zu berichten hatten. Hauptsächlich die modernen Fabrikationsmethoden von Waltham Watch faszinierte die beiden, ihre umfangreichen Rapporte sollten noch gewaltige Auswirkungen auf die Schweizer Uhrenindustrie haben. Immerhin konnten die Schweizer ihre US-Einbussen auf anderen Märkten wieder etwas wettmachen, sodass die Krise in der Uhrenindustrie ab Ende 1876 etwas zurück ging. Es gab aber auch Stimmen im Jura, die die Einführung anderer Industrien forderten, um von der Uhren-Abhängigkeit wegzukommen, z.B. zur Produktion mathematischer Instrumente, Bijouterie- und «Quincaillerie»-Waren, d.h. Dinge, deren Herstellung Uhrmacher in kürzester Zeit erlernen könnten.

Der Domon-Konkurs musste die Behörden stark beansprucht haben, da er sich über Jahre hinzog. Im Juni 1876 wurde aus dem Inventar der Wohnung im Schloss Muntelier die wertvollsten Gegenstände versteigert. Darunter Pferd und Wagen, Gemälde, alte Waffen, Weine und Liköre sowie eine Bibliothek, die seltene Manuskripte enthielt. Das deutet darauf hin, dass der «ungehobelte» Domon ein Sammler gewesen ist. In einer zweiten Gant kam der Rest des Inventars zur Liquidation, das gesamte Mobiliar, Bettwäsche und vieles mehr. Der grösste Happen im Domon'schen Vermögen stellte jedoch seine Gesellschaft Domon & Cie. mit der Fabrik dar. Die mit einem Kapital von einer halben Million ausgestattete Unternehmung war wie erwähnt selber nicht in Konkurs und arbeitete weiter. Allerdings war es nicht einfach die Interessen von Domon und seiner Gesellschaft auseinander zu halten. Die Situation im Uhrenmarkt und die speziellen Verhältnisse um die Faillite des Eigentümers führten dazu, dass auch die Muntelierer Fabrik in Schieflage geriet. Weit über die Hälfte der Mitarbeiter musste entlassen werden, sie zählte Ende Oktober 1876 bloss noch rund 200 Leute, was für Muntelier und Murten schlimme Folgen hatte. Es ist nicht weiter verwunderlich, dass andere Geschäftsleute Konkurs machten, teils durch Umsatzausfälle oder durch Geld, das sie bei Domon platziert hatten und das

Der Domon-Konkurs riss viele Gewerbetreibende in den Abgrund, Inserat im «Murtenbieter» vom 6. Dezember 1876.

nun verloren war. Prominentestes Beispiel war der «Bad»-Wirt Gottlieb Fasnacht, der von Domons Untergang stark betroffen war und im August 1876 selber zahlungsunfähig wurde.

Selbst nach zweieinhalb Jahren war wenig im Konkursfall Domon erledigt und es gab auch noch keine Teilzahlungen für die Gläubiger, was in der Lokalpresse moniert wurde. Die Gesellschaft Domon & Cie., die die Uhrenfabrik betrieb, musste offiziell ebenfalls liquidiert werden. Das konnte 1882 endlich abgeschlossen werden. Interessant ist, dass von diesem Gross-Konkurs keine Akten in den kantonalen Archiven auffindbar sind, während viele kleine Pleiten-Dossiers aus dieser Zeit erhalten blieben.

Eine Zukunft im Verbund mit Longines?

Den Liquidatoren war klar, dass für das Muntelierer Unternehmen raschest eine neue Trägerschaft gefunden werden musste, sonst ist die Uhrenfabrik nicht mehr zu retten. Eine Schliessung, was offenbar sich einige Investoren wünschten, würde viel immaterielles Vermögen vernichten. Diese Gefahr stand im Raum. Für den 23. Oktober 1876 war die Versteigerung der Fabrik Domon & Cie. festgelegt. Die Steigerungsbedingungen enthielten allerdings einen Passus, der sich als Bumerang entwickeln sollte. Jeder Interessent musste vor der Auktion ein Pfand in der enormen Höhe von 100 000 Franken bei der Eidgenössischen Bank in Bern hinterlegen. Dieses Vorgehen schreckte potentielle Investoren ab. Der Verkauf kam nicht zustande, was im «Murtenbieter» vom 29. Oktober äusserst besorgt kommentiert wurde.

Gleichzeitig war das Jahr 1876 aber auch für einen anderen Schweizer Uhrenfabrikanten ein «annus horribilis», nämlich für Ernest Francillon (1834-1900) in St-Imier, der 1866 das Uhrenatelier seines Onkels übernommen hatte. Francillon mechanisierte die Produktion und nannte seine Uhren «Longines», dies nach der Flur, auf der sein Atelier stand. Wie sein Onkel exportierte er hauptsächlich in die USA und bekam in den 1870er-Jahren den dramatischen Rückgang der Uhrenausfuhr nach Amerika in aller Wucht zu spüren, was ihn nahe an den finanziellen Abgrund brachte.

Francillon und die führenden Uhrenfabrikanten im Jura schienen genau im Bild über die Zustände in der Muntelierer Unternehmung gewesen zu sein. Ob dies über Constantin Dinichert – der in den Neuenburger Uhrenzentren bestens vernetzt war – geschah, kann höchstens vermutet werden. Ernest Francillon diskutierte im Frühjahr 1876 mit Jules Grandjean, Constantin Girard-Perregaux und Paul Sandoz – alle drei gehörten später zum Verwaltungsrat der Muntelierer Fabrik – über ein Grossprojekt zur Rettung beider Firmen. So sollte eine finanziell gut ausgestattete Beteiligungsgesellschaft gegründet werden, unter deren Dach die beiden angeschlagenen Firmen Domon und Longines selbständig produzieren könnten. Diese Art Holding nannte man provisorisch «Société générale suisse ou jurassienne». Offenbar zog sich Francillon bald einmal aus diesem Projekt zurück. Der St-Immer Unternehmer konnte seine finanziellen Probleme anderweitig lösen. Seine «Longines», die damals noch deutlich kleiner als die hiesige Fabrik war, überrundete «Montilier» kurz vor der Jahrhundertwende und blieb bis zum Anschluss an die Asuag/SSIH (heute Swatch-Group) 1983 unabhängig.

Was tat sich zwischenzeitlich bei Constantin Dinichert in Bern? Die Geschirr-Krämerei in der Marktgasse mit seinem bejahrten Schwiegervater Eduard Kinkelin war wohl nur eine vordergründige Aktivität des Ex-Unternehmers. Sicher befand er sich längst schon in der Vorbereitung zur Rückkehr in sein ehemaliges Wirkungsfeld, der Uhrenfabrik Muntelier. Obwohl sich die Gründung der vorgesehenen Holding verzögerte und Ernest Francillon nicht mehr dabei war, standen die Chancen zur Übernahme der Muntelierer Uhrenfabrik gut. Am 27. November 1876 konnte in La Chaux-de-Fonds die Beteiligungsgesellschaft «Société suisse d'horlogerie» mit dem überaus stolzen Aktienkapital von 1,2 Mio. Franken gegründet werden. Der Eintrag ins Handelsregister erfolgte anfangs Dezember und die Bestätigung durch den Neuenburger Grossen Rat Ende Dezember. Jetzt musste es Schlag auf Schlag vorwärts gegangen sein. Constantin Dinichert verkaufte umgehend das Porzellangeschäft, das übrigens noch bis 2005 in Bern bestand. Vermutlich hatte er den Verkauf schon vorher eingefädelt. Sein Schwiegervater gab die Berner Wohnung auf und zog zu seinem Sohn nach Genf. Er starb dort knappe drei Jahre später. Die Uhrenfabrik konnte durch die Geschäftspartner gleichzeitig aus der Domon'schen Liquidationsmasse herausgekauft werden, sie wurde aber nicht als rechtlich eigenständige Tochterfirma formiert, sondern direkt der «Société suisse d'horlogerie» angegliedert. Dinichert übernahm als Mitaktionär sogleich wieder das Ruder des schlingernden Schiffs in Muntelier. Schon am 14. Januar 1877 meldete der «Murtenbieter» erleichtert: «Für jeden strebsamen Ort ist die Bereicherung durch eine geistige, regsame, industrielle Kraft ein hoher Gewinn. Wir freuen uns daher, nach langer Trennung wieder Hrn. C. Dinichert in Murten als Chef und Hauptbetheiligter der Société horlogère Suisse, frühere Firma: Domon fils et Dinichert, begrüssen zu können und sind überzeugt, dass es seiner Thatkraft und seiner reichen Geschäftskenntniss gelingen wird, das Etablissement mit sicherer Hand durch die gegenwärtigen Krisen zu leiten und zu neuer schöner Blüthe zu bringen. Aber nicht nur für das Etablissement, nicht nur für die Uhrenindustrie ist der Wiedereintritt des Hrn. Dinichert ins Geschäft von den wohlthätigsten Folgen; auch für die Lösung öffentlicher Fragen der mannigfaltigsten Art ist das reiche Wissen und die unentwegte grundsätzliche Festigkeit des Hrn. C. Dinichert und seine bekannte Hingabe für öffentliche Angelegenheiten von unschätzbarem Werth. (...)»

Über die Besitzesverhältnisse der «Holding», die bis zu ihrer Auflösung nur die Fabrik in Muntelier besass, lässt sich wenig sagen. Wieso man das ursprüngliche Ziel, die Übernahme weiterer Uhrenfabriken, nicht realisierte, ist ebenfalls unbekannt.

Aufschlussreich ist jedoch der Blick auf die Gründer, die auch den ersten Verwaltungsrat des neuen Unternehmens stellten. Es handelte sich grösstenteils um bestimmende Wirtschaftsleute aus La Chaux-de-Fonds. *Lucien Gallet* (1830-1891) gehörte zum wohlhabendsten und einflussreichsten Clan der Neuenburger Uhrenmetropole. In der Gründungsakte zur neuen Holdinggesellschaft wird Gallet als «rentier» genannt. Der 46-Jährige ging also keinem eigentlichen Broterwerb nach, er bewirtschaftete vor allem sein Vermögen. Gallets Tochter Jeanne heiratete *Louis-Constant Othenin-Girard,* den Sohn des bekannten, einflussreichen Uhrenfabrikanten und Unternehmers *Constantin (Othenin) Girard-Perregaux* (1825-1903). Letzterer gehörte mit seinem «Gegenschwager» desgleichen zu den Gründern der Dachgesellschaft für die Muntelierer Fabrik. *Jules Grandjean* (1828-1889) war ursprünglich ebenfalls Uhrmacher und Besitzer eines kleinen Ateliers. Er gab dieses jedoch auf und machte Karriere als Direktor verschiedener Eisenbahngesellschaften. Als die Gesellschaft zur Rettung der Muntelierer Fabrik gegründet wurde, sass Grandjean auch im Verwaltungsrat der Eidgenössischen Bank in Bern, die er 1863 aufbauen half und in der Politik war er eine grosse Nummer. Eine weitere wichtige Figur war der Jurist und exzellente Banker *Edouard Perrochet* (1831-1918), der sich auch als Förderer der Neuenburger Museen hervortat. Wiederum eng mit den Gallet und

Bronzemedaille der Pariser Industrieausstellung 1879 für die Uhrenfabrik Muntelier.

den (Othenin) Girard-Perregaux verwandtschaftlich verbandelt war *Jules Breitmeyer* (1833-1908), der Schwager Edouard Perrochets. Als Fürsprecher und Notar führte er eine eigene Kanzlei in der Uhrenmetropole, war aber teils aus familiären Gründen, teils aus eigenem Bestreben an verschiedensten Uhrenfirmen beteiligt. Verheiratet war er mit Marie Prince, die aus dem Neuenburger Patriziat stammte. Jules Breitmeyer amtete während Jahren als Verwaltungsratspräsident der Société suisse d'horlogerie. Von den beiden Verwaltungsratsmitgliedern *Antony Bovy* und *Paul Sandoz* weiss man wenig. Bovy wird als Zeigerfabrikant genannt und Sandoz war Anwalt in La Chaux-de-Fonds.

Ohne Zweifel: die Gründungs- und Verwaltungsratsliste der neuen Muttergesellschaft für die Muntelierer Fabrik liest sich wie ein «Who's who» der Schweizer Uhrenindustrie. Es war die «Crème de la crème» der Neuenburger Uhrenmetropole, die Dinichert finanziell zur Seite stand. Wie weit dies von Constantin Dinichert beeinflusst worden ist, lässt sich schwer beurteilen. Die Investoren, alles versierte Industrielle und Finanzleute hatten sich sicher an Ort und Stelle über den Zustand der Fabrik orientiert und Dinichert war ihnen als gewiefter Geschäftsmann bekannt. Die Uhrenfabrik in Muntelier konnte nun getrost in die Zukunft schauen. Tatsächlich: Nach etwas über einem Jahr, am 13. März 1878, meldete wiederum der «Murtenbieter» im Rahmen des Jahresbanketts der «Uhrenmacher-Unterstützungs-Gesellschaft»: «Wen sollte es noch wundern, wenn nach glücklich überstandener Krisis die Arbeiter sich wieder nach dem ihnen so lieb gewordenen gemüthlichen Jahresbankett sehnten, wo kein Unterschied zwischen Aufseher und Arbeiter – Prinzipal und Untergebener besteht. Die Uhrenfabrike geht nun gottlob unter der unübertrefflichen Leitung des Herrn C. Dinichert (...) wieder ihren regelmässigen Gang.»

Die Muntelierer Produktion im Urteil der Zeitgenossen

In seinem über 70 Seiten starken, auf Deutsch und Französisch 1886 in Orell Füsslis Serie «Europäische Wanderbilder» erschienenen Murtenführer beschrieb der Autor Dr. Friedrich Stock ausführlich auch die Muntelierer Fabrik: «Die Uhrenindustrie hat aus dem Kanton Neuenburg einen Ausläufer nach Murten getrieben, welcher schöne Blüthen entfaltet. Die Uhrenfabrik in Montelier, die einzige Uhrenfabrik des Kantons Freiburg, ist aus dem Geschäft entstanden, welches Herr O. Domon, Vater, im Jahr 1852 [richtig 1851] in Murten gegründet und im Jahr 1859 nach Montelier verlegt hat. Die Fabrik beschäftigt ungefähr 500 Arbeiter, von denen 370 im Fabrikgebäude, die übrigen zerstreut in kleinern Werkstätten in Murten und Montelier arbeiten. In der Fabrik wird, was gewöhnlich in andern Uhrenfabriken nicht der Fall ist, die Uhr vollständig hergestellt. Wir sehen in den Werkstätten das höchst interessante Schauspiel, wie die Uhr aus dem rohen und todten Metalle (Bronce), welche im Etablissement selbst gegossen wird, zu einer scheinbar lebendigen Maschine sich umgestaltet. Besonders geschmackvolle versilberte, vergoldete und aus Nickel fabrizierte Uhrenschalen, die Spezialität der Fabrik, werden in grosser Zahl täglich verfertigt. Hübsche Uhrenschalen aus Celluloid in allen möglichen Farben, so dass man die Farbe seiner Uhr mit den Farben seiner Kleider oder der Mode in Einklang setzen kann, werden nur in dieser Fabrik hergestellt. Es werden hier jährlich bei 60 000 Uhren verfertigt, ausser den einzelnen Uhrenbestandtheilen, welche besonders verkauft werden. Diese Uhren wandern grösstentheils nach Nord- und Süd-Amerika, nach den englischen Kolonien, nach dem Orient und nach Indien. Wir fühlen uns noch besonders veranlasst, zu erwähnen, dass die Fabrik in Montelier, eigentlich das einzige industrielle Etablissement im Murtenbezirk, eine Quelle der Wohlfahrt der Gegend ist, denn alle Arbeitslöhne, welche sich jährlich auf 600 000 Franken belaufen, werden in der Gegend verbraucht, und auch die übrigen Ausgaben des Etablissementes kommen den umliegenden Ortschaften zu gute. Wir möchten die Besucher Murtens besonders veranlassen, diese Fabrik zu besichtigen, da ihr Industriezweig zu den interessantesten gehört. Jeder Besucher wird sehr freundlich empfangen und auf das Zuvorkommendste behandelt werden.»

Diese Beschreibung Stocks, bei der vielleicht beim Hinweis auf die jährliche Lohnsumme von 600 000 Franken (bei einem Umsatz von knapp 1 Mio. Franken in den 1890er-Jahren) ein Fragezeichen gesetzt werden muss, wurde im Wesentlichen durch Hinweise im «Journal suisse d'horlogerie» bestätigt. In ihrer Oktober-Ausgabe von 1880 werden kurz die firmengeschichtlichen Hinweise wiederholt und betont, dass sich «Montilier» – wie die Firma nun meist genannt wird – auf Alltagsuhren spezialisiert hat mit Gehäusen aus vergoldetem oder versilbertem Kupfer oder Nickel und mit Werken, die noch

Die Fabrik vor dem Bau der dorfseitigen Ateliers. In der Mitte steht schon der neue, herrschaftliche Direktionspavillon. Im Parterre mit einfacher Portierwohnung, im ersten Stock mit Empfang, Sekretariat und Buchhaltung sowie zwei Direktionsräume. Einer war chic für Besprechungen eingerichtet. Das Dachgeschoss enthielt die Archive. Foto J. Müller. Um 1885.

in alter Weise mit dem Schlüssel aufzuziehen sind oder schon eine Aufzugswelle mit Krone besitzen. In diesem Pressebeitrag wurde von 300 Mitarbeitern und einer Produktion von 30 000 fertigen Uhren jährlich geschrieben. Das «Journal» erwähnte auch lobend die Bemühungen der Stadt Murten um Ansiedlung der Uhrmacherei in den 1850er-Jahren und erwähnte, dass dies leider nicht nachhaltig war. In der Februar-Ausgabe 1884 schrieb das «Journal» über die Landesausstellung in Zürich. Die Uhrenfabrik Muntelier zeigte in drei Vitrinen 250 verschiedene Uhren. Hier sprach man von 540 Mitarbeitern, wovon 380 in der Fabrik tätig waren und die restlichen 160 als Heimarbeiter zu Hause oder in kleinen Ateliers. Auch hier wurden die Celluloid-Gehäuse erwähnt. Die Produktion habe 1882 aus 60 000 gebrauchsfertigen Uhren, 33 000 Gehäusen und 30 000 Rohwerken bestanden. Zu jener Zeit waren übrigens Ausstellungen hauptsächlich Industriemessen und als solche wichtig für das Marketing. So nahm die Uhrenfabrik 1889 auch an der Weltausstellung in Paris teil, wo sie mit einer Silbermedaille ausgezeichnet wurde. Der «Murtenbieter» war ebenfalls in Paris und kommentierte die Vitrine der Uhrenfabrik Muntelier. «(…) Bei der Vitrine der Société suisse d'horlogerie aus Montelier haben wir uns auch lange aufgehalten. Sie enthält eine interessante Sammlung von Uhren, welche sich durch Grösse, Mechanismus, Form, Metall, Preis und Farbe unterscheiden – über 70 Varietäten an der Zahl. Sehr elegant sind diese billigen und doch dauerhaften Fabrikate. 60 000 Uhren werden jährlich im Montelier hergestellt und in alle Länder verkauft und überdies 60 000 Schalen allein, denn es ist bekannt, dass die Fabrik für ihre Schalen zwei geheimnisvolle Mischungen entdeckt hat, eine weisse ‹Silverine› und eine gelbe ‹Goldine› welche allgemein, wegen ihrer Dauerhaftigkeit hochgeschätzt sind. Die diesjährige Ausstellung unserer Uhrenfabrik zeugt von dem fortschrittlichen Eifer, welcher die Direktoren und die 600 Arbeiter derselben beseelt. (...)»

Fazit: Die Muntelierer Uhrenfabrik war rasch wieder gut in Schuss und hatte einen respektablen Ausstoss. Sie gehörte in dieser Zeit zu den modernsten industriellen Uhrenproduzenten der Schweiz. Es arbeiteten hier auch hervorragend technisch ausgebildete Fachleute, die später anderswo Karriere machten. So beispielsweise James Reymond, der 1880 die Leitung der Uhrmacherschule in St-Imier übernahm. Die Produktion in jener Zeit war klar auf unverwüstliche Massenware mit gutem Preis-Leistungsverhältnis fokussiert, ideal für den Export auf den amerikanischen Kontinent und nach Asien.

Die neue Generation

Im Alter von knapp über zwanzig Jahren trat im Dezember 1882 Constant Dinichert (1862-1940) ins väterliche Unternehmen ein. Der junge Mann, zweites von insgesamt zehn Kindern des Paares Constantin und Bertha Dinichert-Kinkelin, hatte nach den Schulen seine Ausbildung in der Neuenburger Uhrmacherschule absolviert. Danach weilte er für ein Praktikum in London. Constant beschäftigte sich hauptsächlich mit der technischen Seite der Uhrenfabrik. Es war die Zeit rasanter Entwicklungen in der Produktion, die Mechanisierung und teils auch schon die Automatisierung verlangten viele Investitionen. Da genügte bald einmal auch der Fabrik-Hauptbau, der teils 30 und 60 Jahre alt war, nicht mehr. Constant Dinichert realisierte einen bei Uhrenfabriken typisch schmalen langgezogenen Anbau von zwei Geschossen über einem teils ebenfalls befensterten Kellersockel. Dieser Anbau war 1889 fertig gestellt, hier produzierte man die Uhrwerke. Zuvor entstand als architektonischer Kunstkniff der pavillonartige Repräsentationsbau auf der Strassenseite, der in die Lücke zwischen dem Bau der 1820er-Jahre und dem strassenseitigen Schenkel des Haupthauses zu liegen kam. In diesem Pavillon wurde der Hauptzugang zur Fabrik untergebracht, sowie die Portierwohnung und Büros der Verwaltung. Das aufwendig «à la Mansart» ausgebildete Dach fiel durch seine moderne Schieferdeckung und das kleine Uhrtürmchen auf.

Constant Dinichert (1862-1940), Uhrenfabrikant.

Die Uhrenfabrik von der Dorf- bzw. Seeseite: links der älteste Trakt aus der Zeit der Färberei Erath mit den Ausbauten Domons 1860, rechts die 1889 fertig gestellten neuen Ateliers.

Zwischenzeitlich war man im Aktionariat offenbar von der Idee abgerückt, eine Uhrengruppe in der Art der späteren Asuag/SSIH bzw. der heutigen Swatch Group auf die Beine zu stellen. Wie bereits erwähnt blieb die Muntelierer Fabrik der einzige Produktionsbetrieb der Société suisse d'horlogerie. Vielleicht haben sich die Interessen der Financiers auch verlagert oder Constantin Dinichert arbeitete auf eine Übernahme der Aktienmehrheit hin, auf jeden Fall schien die Gesellschaft mit nur einer Fabrik überkapitalisiert. Das überflüssige Geld sollte an die Geber zurückfliessen. Dies sind allerdings nur Mutmassungen, die sich heute mangels des Firmenarchivs mit den VR-Protokollen nicht mehr belegen lassen. Fakt ist bloss, dass 1885 neue Statuten der Société suisse d'horlogerie in Kraft gesetzt wurden, in denen man das Aktienkapital auf 586 000 Franken festlegte. Dies dürfte in etwa dem in Muntelier angelegten Kapital entsprochen haben. Dass sich der Wert der Immobilien, Fabrikationsanlagen plus Warenbestände etwa in dieser Grössenordnung bewegten, zeigt auch die Versicherungspolice, die im April 1885 vom Muntelierer Gemeinderat abgesegnet worden ist. Der versicherbare Wert der Fabrik betrug zu diesem Zeitpunkt 533 750 Franken, versichert bei Helvetia. Im Juni 1889 schätzte man die Fabrik auf 513 000 Franken und versichert waren 384 750 Franken. Interessant sind Vergleiche aus der gleichen Aufstellung im Muntelierer Gemeinderatsprotokoll. So wurde der Hausrat des Fabrikdirektors Constantin Dinichert, Vater, auf 32 295 taxiert, Munteliers Syndic Vincents Haushaltung schätzte man auf 10 800 Franken, während die Schwestern Elise und Anna Fasnacht, «Welschs», 4360 Franken Wohnungsinventar aufwiesen, was etwa dem Durchschnitt in Muntelier entsprach.

Neben Dinichert junior begann ein anderes Gesicht in diesen Jahren die Firma zu prägen, und zwar Henri Buchs (1856-1934). Geboren in Estavayer, absolvierte er seine Schulzeit in Murten und machte eine kaufmännische Lehre in der Fabrik. Damals war das noch die Domon fils &

Dinichert. Buchs war mit seinem Bruder Victor, dem späteren Staatsrat, als kleiner Junge mit seinen Eltern von Estavayer nach Muntelier gezogen. Henri blieb nach seiner Lehre in der Firma tätig, wurde als engagierter Buchhalter rasch unentbehrlich und war bald das kaufmännische Gewissen der Unternehmung. Auf Neujahr 1887 ernannte der Verwaltungsrat Dinichert junior und Buchs zu Prokuristen. Henri Buchs und Constant Dinichert wurden in den 1880er-Jahren auch in den Gemeinderat von Muntelier gewählt, wo sie sich um die Belange ihres Dorfes kümmerten. Buchs befand sich wiederum in der Rolle des «Finanzministers», ein Amt, das er 22 Jahre neben seinem Job in der Fabrik ausüben sollte. Er beteiligte sich auch rege am damaligen Dorfleben, so hielt er beispielsweise einen geschichtlichen Vortrag über Muntelier in den Jahren des ausklingenden Ancien régime. Ab 1904 war Buchs kommerzieller Direktor der Uhrenfabrik. Dies allerdings nur zwei Jahre lang. Nach 33-jähriger Tätigkeit für die Muntelierer Firma kündigte er seine Anstellung und zog nach Freiburg. Damit demissionierte er auch als Gemeinderat. Als Dank für seine Verdienste ernannte ihn Muntelier zum Ehrenbürger. In Freiburg war er selber als Unternehmer tätig. Er hatte die Teigwarenfabriken in der Pérolles und in St. Appoline erworben und führte diese noch 25 Jahre. Dinichert übernahm jetzt die Gesamtleitung des Unternehmens. Der clevere Buchs blieb der Muntelierer Uhrenfabrik immerhin als Verwaltungsrat erhalten. Ein Amt, das später auf Buchs jüngeren Bruder Victor (1866-1953) übergehen sollte, der 1919-1936 Freiburger Staatsrat war. Henri Buchs war ebenfalls in der Politik tätig, und zwar während 13 Jahren als freisinniger Grossrat und präsidierte auch die freiburgische Handelskammer. Henri Buchs starb 1934 nach längerer Krankheit 78-jährig.

Die Uhrenfabrik Muntelier mit ihrem rauchenden Hochkamin prägte von weit das Dorfbild. Um 1900.

Henri Buchs (1856-1934), langjähriger kaufmännischer Mitarbeiter und Direktor, wurde später Verwaltungsrat der Muntelierer Fabrik.

Constantin Dinichert (1832-1916), Uhrenfabrikant und Nationalrat. Öl, anonym. Um 1900.

Constantin Dinicherts Abschied und neue Karriere

Vater Constantin Dinicherts Lebensbilanz konnte sich sehen lassen. Der einfache Uhrmacher aus dem Elsass hatte es zu etwas gebracht. Er war Patron und Mitbesitzer eines der bedeutendsten Freiburger Industriebetriebe und lebte feudal im barocken Schloss Muntelier nahe der Fabrik. Dinichert wurde weitherum hervorragende Arbeit attestiert. So meisterte er die periodischen Uhrmacherkrisen mit Bravour, die auf konjunkturelle Abschwünge folgten und wie der «Murtenbieter» in Dinicherts Lebenslauf am 19. August 1916 meldete, musste die Fabrik nur selten und nur für kürzere Zeit die Arbeit einstellen «und allgemein galt es [die Muntelier Fabrik] als eines der solidesten und bestgeleiteten industriellen Unternehmen». 1901 hatte Constantin Dinichert das Muntelierer Ehrenbürgerrecht als Dank des Dorfes erhalten. Seit seiner Rückkehr aus Bern war Dinichert nicht mehr in der Lokalpolitik tätig. Er war von der Arbeit als Unternehmer völlig absorbiert.

Als der knapp 60-jährige Fabrikant durch seinen Sohn Constant im technischen und Henri Buchs im kaufmännischen Bereich mehr und mehr vom Alltagsgeschäft entlastet werden konnte, beschränkte er sich auf die strategische Leitung der Firma und war auch wieder für die Politik zu haben. 1891 kam er in den Freiburger Grossrat. 1893-1909 sass er im Verwaltungsrat der Freiburger Staatsbank. Paralell dazu auch im Verwaltungsrat der Freiburger Eisenbahnen GFM.

Dinichert gelang auch der Sprung nach Bern. 1893 kam er in den Nationalrat. Die hohe Politik machte ihm sichtlich Spass, er war hier Mitglied und dann Präsident der Geschäftsprüfungskommission. Wichtig war Dinichert auch die Arbeit für den Verband der Schweizer Uhrenindustrie, dem er ebenfalls vorstand.

1904, mit 72 Jahren, trat er von der Führung der Uhrenfabrik zurück. Constantin blieb jedoch Verwaltungsrat und Verwaltungsratsdelegierter des Unternehmens. 1911 gab er seine politischen Ämter altershalber ab und lebte zurückgezogen im Schloss Muntelier. Er verstarb nach einer Operation im 85. Altersjahr am 16. August 1916. Der «Murtenbieter» widmete ihm seine Titelseite und schliesst mit den Worten: «Herr Constant[in] Dinichert war ein Mann eigener Kraft. Er hat von der Picke auf gedient und sich zu den ersten Stellungen emporgeschwungen. Seine Herkunft aus dem Arbeiterstande hat er aber nie verleugnet und seinen Untergebenen stets das weitgehendste Entgegenkommen und Wohlwollen bezeugt. Sie und alle, die ihm näher gestanden, wie die Wähler zu Stadt und Land werden dem ausgezeichneten und gewiegten Geschäftsmanne, dem vortrefflichen Bürger und hervorragenden Volksvertreter ein dankbares und ehrenvolles Andenken bewahren. Er ruhe im Frieden!»

Im Auf und Ab…

Vater Constantin Dinichert erlebte als Delegierter des Verwaltungsrats noch das ambitionierteste Bauvorhaben der Société suisse d'horlogerie, Fabrique de Montilier. Das in die Jahre gekommene Hauptgebäude, Seite Dorf und Fabrikstrasse, genügte der modernen Produktion längst nicht mehr und für die Vernicklerei und Décolletage waren grössere Räumlichkeiten vonnöten. So kam es zum Bau eines grossen eingeschossigen Ateliers mit Flachdach und Oberlicht auf dem bisher wenig genutzten Areal hinter der L-förmigen Fabrikanlage. Hier platzierte man die schweren Maschinen zur Produktion der Brücken und Platinen. Der charakteristische Hauptbau mit seinem interessanten Dachaufbau wurde abgebrochen und durch einen nüchternen, schmalen Klinkerbau ersetzt, der nun die Ateliers aus dem Jahre 1889 mit dem Portier-Pavillon verband. Diese Arbeiten geschahen in mehreren Etappen in den Jahren 1908 bis ungefähr 1912. Damit erhielt die Fabrikanlage ihr Aussehen, die sie bis anfangs der 1960er-Jahre bewahren sollte. Die Finanzierung des Projekts geschah nicht mit Eigenmitteln, sondern mittels einer 1912 durch die Ersparniskasse Murten gewährten Hypothek in der Höhe von 170 000 Franken. Der Versicherungswert für die Gebäude inklusive Schloss betrug damals 213 800 und derjenige für die Maschinen und Werkzeuge 174 000 Franken.

Die 1908-1912 erbauten Ateliers, Foto 1952.

Neben der Fabrik gab es auch kleine Uhrenproduzenten in Muntelier. Hier der Uhrmacher Louis Werro – genannt «Buggeli-Werro» – mit seiner Familie, der Uhren der Marke «Werroscope herstellte. Uhr und Foto um 1895.

Über den Gang der Geschäfte zu Beginn des 20. Jahrhunderts lässt sich wenig sagen. Der Uhren- und Halbfabrikate-Ausstoss (Gehäuse und Rohwerke) wird in etwa der Menge entsprochen haben, die in den 1880er- und 1890er-Jahren hergestellt worden sind. Längst ist die Marke «Montilier» von anderen Schweizer Uhrenfabriken überholt worden, die viel grössere Mengen produzierten. In der «Murtenbieter»-Meldung vom 10. Januar 1906 wurde mitgeteilt, dass in Muntelier und Murten insgesamt 597 Uhrenarbeiter beschäftigt sind. Das sind die direkten Angestellten in der Fabrik sowie die verschiedenen Heimarbeiter und Zulieferer für die Muntelierer Fabrik, aber auch für weitere Uhrenhersteller. Etwas genauere Hinweise über das Unternehmen liefert der Bericht des Freiburger Industrie- und Handelsvereins für das Kriegsjahr 1917, der ebenfalls in unserem Lokalblatt erschienen ist (24.8.1918): «Während des Geschäftsjahres 1917 sind aus den Ateliers von Muntelier abgegangen: 61 394 Stück fertiger Uhren in Metall und Silber, 2768 einzelne Uhrwerke, 66 000 Stück metallene Uhrenschalen und 2676 Finissages. Nachdem schon fürs Jahr 1916 einem Teil des Personals Teuerungszulagen gewährt wurden, erhielt pro 1917 das gesamte Arbeitspersonal der Uhrenfabrik Muntelier solche Zuschüsse, die sich (für 1917 allein) auf

42 000 Fr. erhoben. Die Aussichten für den Geschäftsgang in der Uhrenindustrie sind pro 1918 nicht die ermutigendsten, zwar nicht etwa deshalb, weil die Bestellungen fehlen, sondern weil der Fabrikation und dem Verkauf oder vielmehr der Ausfuhr neue und grosse Schwierigkeiten begegnen.»

Im Murtenbiet war die Uhrenfabrik Muntelier nach wie vor die wichtigste Arbeitgeberin und auch im Kanton Freiburg eine der bedeutendsten Unternehmungen. Es liess die hiesige Bevölkerung natürlich nicht kalt, was sich in der Uhrenindustrie tat und wie es insbesondere der hiesigen Uhrenfabrik erging. In dieser Beziehung ist immer wieder der «Murtenbieter» eine ergiebige Quelle und tritt an die Stelle des leider verloren gegangenen Firmenarchivs. So rapportiert das Lokalblatt in seiner Ausgabe vom 10. September 1910 minutiös: «Im Jahr 1906 war der Absatz [in der Schweiz] noch gut, von Quartal zu Quartal steigend, der Gesamtwert war 150 Mill. Im 3. Quartal 1906 begann ein kleiner Rückschlag, im 4. Quartal wurde er grösser, und so wurde der Absatz 1908 und 1909 immer mühsamer. Der Gesamtabsatz 1907 hatte noch 149 Mill. betragen, im Jahre 1908 nur 129 Mill., im Jahre 1909 nur noch 125 Mill. Nur die Beteiligten wissen, welche Schicksale in diesen Zahlen liegen! Endlich nach 3 langen Jahren kommt eine leichte Besserung im 1. und 2. Quartal 1910. Das 1. Quartal hatte einen Absatz von fast 30 Mill., das zweite Quartal 34,6 Mill. Es ist noch nicht so viel wie 1906 und 1907, aber es ist bedeutend mehr als 1908 und 1909. (…)»

Briefkopf mit Ansicht der Uhrenfabrik Muntelier, ab etwa 1912.

Wie in jeder Zeitung, konnte man auch in unserem Blatt schon damals über allerlei Unglücke und Verbrechen lesen. So berichtete anfangs 1910 der «Murtenbieter» über einen besonders tragischen Fall: «Am Sylvester Nachmittag gegen 2 Uhr ereignete sich in der Uhrenfabrik von Montelier ein schwerer Unfall. Eine Arbeiterin, Frl. Rosa Steffen, wollte im Atelier das Fenster vor ihrem Platze reinigen. Zu diesem Zwecke stieg sie auf den Arbeitstisch, das Etabli, hinauf, als die Maschinen noch im Gange waren. Beim Reinigen des Fensters muss sie sich rückwärts geneigt haben. Ihre Haare wurden im Nacken von einer eisernen Welle, die in der Minute etwa

280 Drehungen vollführt, ergriffen, im Nu aufgewunden, die ganze Kopfhaut vom Nacken über den Scheitel und die Stirne bis zur Nasenwurzel mitreissend. Diese Skalpierung geschah, ehe die Nebenarbeiterin nur etwas davon gesehen hatte. Die arme Tochter, schrecklich entstellt, verlor die Besinnung nicht. Sie stieg selbst vom Etabli herab und erhielt sofort die beste ärztliche Hilfe. Sie wurde noch gleichen Abends in den Inselspital nach Bern, in die Behandlung des Herrn Prof. Kocher verbracht. Man setzte ihr die abgerissene Kopfhaut wieder auf. Die Verunglückte geht verhältnismässig gut. Dieser Unfall ist einer der schwersten, der sich je in der Uhrenfabrik Montelier zugetragen hat. Jedermann nimmt lebhaften Anteil an dem Schicksal der unglücklichen Tochter, die als eine gute und tüchtige Arbeiterin allgemein beliebt war.»

Die äusseren Einflüsse waren schicksalhaft für die Unternehmung und ihre Mitarbeiter. So beispielsweise der Ausbruch des Ersten Weltkrieges Ende Juli 1914. Die Produktion der Uhrenfabrik Muntelier musste wohl wegen der Generalmobilmachung am 1. August eingestellt werden. Was das in einer Zeit ohne Erwerbsausfallentschädigung für die Arbeiterschaft und deren Familien sowie die Region Murten hiess, kann man sich bestens vorstellen. Immerhin meldete der «Murtenbieter» schon am 26. September: «Angenehme Nachricht. Wie uns mitgeteilt wird, beabsichtigt die Direktion der Uhrenfabrik Muntelier nächsten Dienstag die Arbeitsräume wieder zu öffnen und den Betrieb vorerst je für 3 Tage in der Woche neu aufzunehmen. Diese Nachricht wird hier allgemein freudige Aufnahme finden.» Die starke Teuerung während des Krieges versuchte die Firmenleitung mit Lohnzuschlägen zu lindern. So kassierten ab 1. Juli 1916 ledige Arbeiter oder verheiratete ohne Kinder einen Zuschlag von 5 Franken bei einem Monatslohn von bis zu 115 Franken. Verheiratete Arbeiter bekamen je nach Kinderschar bis zu 16 Franken zusätzlich. Gab es mehr als fünf Kinder, erhielten sie noch mehr. Ende 1916 konnte nochmals nachgebessert werden, was zu zusätzlichen Lohnkosten von jährlich rund 30 000 Franken führte. Zur Verbesserung der Lage seiner Arbeiter erwarb Direktor Constant Dinichert 1916 eine Waggon-Ladung Kartoffeln zu 20 Franken pro 100 Kilo. Diese gab er seinen Arbeitern zum Spezialpreis von 14 Franken pro 100 Kilo ab.

Im November 1918 ruhten endlich die Waffen, der Erste Weltkrieg, der Millionen von Opfern gekostet hatte, war vorbei. Im Frühling noch etwas zögerlich, aber dann im Spätherbst mit ganzer Wucht kündigte sich eine nächste Katastrophe an, die Spanische Grippe, die weltweit wiederum Millionen weiterer Opfer fordern sollte. In der Schweiz gab es ebenfalls unter Soldaten und Zivilisten eine grosse Anzahl Grippetote. Ganz direkt war auch Constant Dinichert betroffen. Sein Sohn Ernest (1892-1918), der nach Absolvierung des Neuenburger Handelsgymnasiums und dem Stage in einem Berliner Handelshaus mit Erfolg im kaufmännischen Bereich der Uhrenfabrik arbeitete, wurde im Militärdienst vom Grippevirus angesteckt und starb am 22. November unvermittelt. Im Murtenbiet verlief die Seuche jedoch einigermassen harmlos. Der Murtenbieter vermeldete am 23. November 1918, dass ganze Familien aufs Krankenlager geworfen werden, es aber bisher nur zu wenigen Todesfällen gekommen sei.

Seltene Doubletimer (Zeitzonenuhr), guillochiertes vergoldetes Gehäuse, Brückenwerk mit Schlüsselaufzug, Zylinderhemmung, kleine Sekunde. Um 1880.

Kleine Savonnette mit Schlüsselaufzug, Brückenwerk, vergoldetes und guillochiertes Gehäuse. Um 1880.

Das Werk des Chronographen auf Seite 74, graviert MONTILIER und Eule auf Mondsichel.

Grosse Lépine mit Dreiviertel-Platine. Auf Werk Hinweis zur Silbermedaille Paris 1889. Siehe auch Abbildung Seite 48.

Grosse Lépine für die USA,
reich guillochiertes, graviertes,
ziseliertes und vergoldetes Gehäuse,
Kronenaufzug, Zylinderhemmung.
Mit Hinweis auf Weltausstellung
Paris 1889.

Früher Chronograph mit Schlüsselaufzug, rückwärts gehende
kleine Sekunde. Stoppt man
den zentralen Sekundenzeiger
wird das ganze Uhrwerk angehalten.
Gehäuse bezeichnet S.W.C.
und Silverore. Um 1880.

Constant Dinichert
lässt 1889 an diesem Werk die
Aufzugsvorrichtung patentieren.

Damen-Savonnette, goldfarbene Metalllegierung, Muschel-Guillochierung,
Brückenwerk mit Zylinderhemmung, Schlüsselaufzug. Um 1880.

Herren-Savonnette, üppig guillochiertes Gehäuse, arabische Ziffern. Um 1895.

Grosse Savonnette, ziseliert und guillochiert. Vollplatine, Unruhekloben, Aufzugswelle mit Krone. Um 1885.

Taschenuhr, Art nouveau. Gehäuse, versilbert und patiniert, eventuell amerikanisch. Uhr vermutlich nach Export in die USA eingeschalt. Um 1900.

Reich guillochierte in die USA exportierte Herren-Lépine, Kronenaufzug, Zylinderhemmung. Mit Hinweis auf Silbermedaille Weltausstellung Paris 1889. Siehe auch Abbildungen Seite 36 und 108.

Damen-Savonnetten, fein guillochierte und ziselierte Gehäuse, goldfarbene Metalllegierung. Um 1895.

Arbeiter in Bewegung

DIE UHRENFABRIK ERLEBTE GUTE WIE SCHLECHTE ZEITEN
GERADE WÄHREND KRISEN NAHM DIE GEWERKSCHAFT
EINE WICHTIGE STELLUNG EIN

7

La Morat war ebenfalls ein Label der Uhrenfabrik Muntelier. Oft sind Morat-Uhren nur auf der Innenseite des Deckels oder sogar nur auf dem Werk bezeichnet. Auch hier handelte es sich um meist robuste und preisgünstige Uhren. Dieses Exemplar stammt aus der Zeit um 1905.

Die Direktion der «Société Suisse d'Horlogerie, Fabrique de Montilier» schreibt im Jahr 1921 an das Arbeitslosenamt der Gemeinde Muntelier folgenden Bericht:

«Unser gesamtes Personal, auf Stück oder im Stundenlohn arbeitend, ist vollständig arbeitslos. Wir lassen das notwendige Personal jeweils zur Ausführung der vorhandenen Arbeit rufen und können auf diese Weise wenigstens einen Teil unserer Arbeiterschaft vorübergehend während 16 bis 32 Stunden pro Woche beschäftigen.

Es sind von der Arbeitskürzung in unserem Betrieb 64 Personen betroffen, die in der Gemeinde Muntelier wohnhaft sind, und zwar 36 männliche und 28 weibliche.

… Für alle gänzlich Arbeitslosen haben wir keine Unterstützung für teilweise Arbeitslosigkeit zu entrichten.»

Die wirtschaftliche Lage erschütterte das Uhrendorf Muntelier in den 1920er-Jahren grundlegend. Bei einer Einwohnerzahl von rund 450 stand jeder siebte Muntelierer wegen der schlechten Auftragslage der Uhrenfabrik ohne Arbeit da; fast jede Familie war von der Arbeitslosigkeit betroffen. Wenig Trost dürfte den Betroffenen gewesen sein, dass die Krise auch den Neuenburger Jura als Kerngebiet der Uhrenindustrie erfasst hatte. Im Gegenteil: Die allgemeine Konjunkturlage in der Branche liess für Muntelier wenig Hoffnung zu. Im Kanton Neuenburg zählte der Regierungsrat in den 1920er-Jahren über 13 000 Arbeitslose.

Entlassungen und Kurzarbeit trafen die Uhrenarbeiter in Krisenjahren hart. Foto um 1915

Der Zentralvorstand des Schweizerischen Metall- und Uhrenmacher-Verbandes (SMUV) schrieb 1921 dem Vorstand der Sektion Muntelier: «Die Frage des Lohnabbaues steht heute überall zur Diskussion. Eine generelle Lohnreduktion dürfte in der Uhrenindustrie bald zur Tatsache werden. Die Ursache ist darin begründet, dass die allgemeine Wirtschaftslage sich noch um nichts gebessert hat.»

Die Gewerkschafter reagierten zurückhaltend mit Kritik an der Muntelierer Fabrikdirektion, die offenbar gegen die äusseren Umstände nicht viel ausrichten kann. Sogar Tadel an die eigenen Genossen war zu vernehmen: «Wäre nicht der Geist der Zwietracht in die Reihen der Arbeiterschaft gekommen, hätte man zum guten Teil diesen Anschlag mit Erfolg abwehren können.»

Kampf mit der Verwaltung

Beispielhaft für die schwierige Lage der Fabrikarbeiter in jener Zeit ist der Uhrmacher Fritz Pfäffli aus Merlach. Aus der Korrespondenz mit der Gewerkschaft geht hervor, dass Pfäffli im Januar 1926 insgesamt 21 Tage Arbeitslosenunterstützung in Form einer «Notlageunterstützung» bezogen hat. Total 31.50 Franken. Diesen Betrag könne man aber «nicht als subventionsberechtigte Unterstützung buchen», da alle Voraussetzungen für eine Subvention fehlten. Pfäffli hätte sich sofort bei Beginn seiner Arbeitslosigkeit bei der Gemeindekanzlei Merlach melden sollen.

Tatsächlich hatte das arbeitslose Personal der Uhrenfabrik mit der wirtschaftlichen Not und auch mit der Verwaltung zu kämpfen. Nicht immer war klar, wer die Arbeitslosengelder zahlen würde, so dass einzelne Arbeiter einen ganzen Sommer lang oder länger weder Arbeit noch Unterstützung erhielten.

Gemäss einer juristischen Abklärung der Gewerkschaft hätten die Arbeitslosen sich zuerst bei der Gemeinde melden müssen. Wurde von dieser Seite eine Unterstützung verweigert, musste das kantonale Einigungsamt angerufen werden, und wenn auch dieses nicht helfen wollte, so gab es in letzter Instanz noch die eidgenössische Rekurskommission. Dieser Amtsweg wurde aber oft nicht eingehalten. So soll gemäss Brief an einen Genossen August Fasnacht das Freiburger Einigungsamt bereits vorausgehend den Gemeinden gesagt haben, ob diese Arbeitslosengelder auszahlen sollten oder nicht.

An einer Vorstandssitzung der SMUV-Sektion Muntelier vom 21. September 1921 habe ein Genosse Werro aufgezeigt, wie die Genossen in der Fabrik «zu ihrer teilweisen Arbeitslosenunterstützung kommen, welche ihnen die Fabrik so gesetzwidrig verweigert».

Der Vorstand war an selbiger Sitzung über einen weiteren Lohnabbau in der Fabrik in Kenntnis gesetzt worden. Trotzdem beschloss der Vorstand, in einer Sammelaktion dem hungernden Russland einen Betrag von 5 Franken zukommen zu lassen.

Wie damals prophezeit, dauerte die Krise lange. Der Wirtschaftscrash 1929 in Amerika führte dazu, dass die Uhrenexporte weiter zurückgingen, und damit verbunden war auch ein Bevölkerungsrückgang in den Zentren der Uhrmacherei. Muntelier verzeichnete 1941 mit 402 Einwohnern den tiefsten Bevölkerungsstand im 20. Jahrhundert.

Auch in den 1930er-Jahren sind mehrere Fälle von Arbeitslosigkeit dokumentiert. Im Februar 1932 schrieb Fabrikdirektor Christen an die SMUV: «Wir teilen Ihnen höflichst mit, dass die Entlassungen der beiden Arbeiter Berner und Egger wegen Arbeitsmangel und Dispositionsänderungen erfolgen. ... Es kommen nur noch gelernte Mechaniker und Frauen in Frage.»

Selbst für bestens ausgebildete Arbeiter blieb somit die Lage schwierig. Beispielsweise erklärte die Uhrenfabrik der Arbeitslosenkasse der Freiburger Industriellen die Teilarbeitslosigkeit von Alfred Gutknecht, Régleur, aufgrund Arbeitsmangels. Gutknechts normaler Verdienst hätte 96 Franken im Monat betragen, zwischen dem 15. und 27. April 1935 verdiente er aber nur 20 Franken. Die Ausgleichskasse zahlte ihm eine Unterstützung von 45.60 Franken.

Wo die Lage besonders schwierig war, half die Gewerkschaft, wo sie konnte. Der Mechaniker Gilbert Lanz aus Murten wurde in der Uhrenfabrik 1932 entlassen, doch die Genossen wollten Lanz eine Notlageunterstützung gewähren, damit er Beiträge für die Arbeitslosenversicherung nachzahlen konnte und so bezugsberechtigt würde.

Vom Genossen Bourqui wurde im gleichen Jahr berichtet, er sei zwar «seit dem April bezugsfähig, aber er ist ziemlich in Geldnot, denn er ernährt noch seine Mutter und einen elfjährigen Bruder. ... Er hat auch schon an vielen Stellen nach Arbeit nachgefragt und nichts gefunden. Und jetzt will er mit der Uhrenfabrik einen Prozess anstrengen, weil die ihm den Zuschlag von zehn Rappen nicht geben wollte, den sie ihm vertraglich versprochen hatte.»

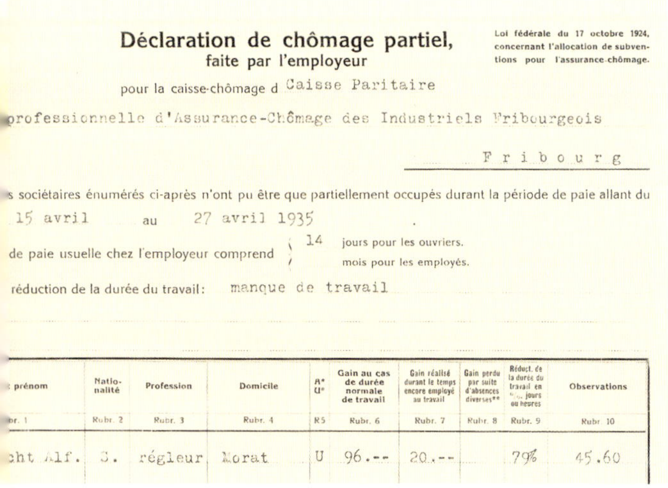

Déclaration de chômage partiel,
faite par l'employeur

Loi fédérale du 17 octobre 1924, concernant l'allocation de subventions pour l'assurance-chômage.

pour la caisse-chômage d Caisse Paritaire
professionnelle d'Assurance-Chômage des Industriels Fribourgeois
Fribourg

s sociétaires énumérés ci-après n'ont pu être que partiellement occupés durant la période de paie allant du 15 avril au 27 avril 1935.
de paie usuelle chez l'employeur comprend 14 jours pour les ouvriers. mois pour les employés.
réduction de la durée du travail: manque de travail

prénom	Natio-nalité	Profession	Domicile	A* U*	Gain au cas de durée normale de travail	Gain réalisé durant le temps encore employé au travail	Gain perdu par suite d'absences diverses**	Réduct. de la durée du travail en %, jours ou heures	Observations
br. 1	Rubr. 2	Rubr. 3	Rubr. 4	R5	Rubr. 6	Rubr. 7	Rubr. 8	Rubr. 9	Rubr. 10
cht Alf.	S.	régleur	Morat	U	96.--	20.--		79%	45.60

Die Unterstützung der Ausgleichskasse half über die ärgsten Nöte hinweg.

Organisierte Schalenmacher und «Widerstände bei den Pfaffen»

Die Arbeiterbewegung in der Uhrenbranche hatte landesweit wie auch in Muntelier eine lange Tradition. Im Murtenbiet führen die frühsten Spuren zurück ins Jahr 1887, als Murten vom Zentralvorstand Schweizerischer Schalenmacher als eigenständige Sektion anerkannt werden wollte. Die SMUV-Sektion Muntelier (später Murten) führt offiziell 1920 als Gründungsjahr auf, obwohl einige Protokolle aus früheren Jahren vorhanden sind. Jedenfalls feierte die Sektion 1995 ihr 75-Jahr-Jubiläum und blickte damals zurück auf die bemerkenswerte «Beharrlichkeit und Aufopferung der ersten Vorstände und Mitglieder. Längst ist die Zeit des sklavenähnlichen Arbeiterlebens vorbei. Die Arbeitnehmerschaft ist dank ihren Errungenschaften nicht nur sozial abgesichert, sie ist auch selbstbewusster geworden». Die Gründung zu jener Zeit ist kaum ein Zufall, auch im Neuenburger Jura verzeichnete die Gewerkschaft der Uhrmacher damals mit rund 20 000 Mitgliedern einen Höchststand.

Der Vorstand der Gewerkschaft traf sich alle 14 Tage zu Sitzungen abwechselnd im «Café de la Poste» Murten, im «Bad», «Café de l'Industrie» oder im «Hechten» in Muntelier, dessen Wirt in den 20er-Jahren sogar selber Uhrmacher gewesen war. Der Mitgliederbestand variierte stark. Bei der Gründung in den Krisenjahren war die Zahl noch hoch, doch kurz später ging die Mitgliedschaft zurück, weil viele Arbeitslose den Beitrag nicht mehr bezahlen konnten. Schon wenige Jahre nach der Gründung musste die Sektion gar wieder neu aktiviert werden. Die Gewerkschafter suchten die Nähe zur Sozialdemokratischen Partei in Murten, mit der sie jährlich etwa eine Christbaumfeier abhielten. Man erhoffte sich aber auch neuen Elan, als die Saia sich für einige Jahre im Gebäude der Uhrenfabrik einmietete. Die SP Murten schrieb, es wäre zu begrüssen, «wenn diese Leute endlich organisiert werden könnten ... Die Möglichkeit, diese zu organisieren, scheint gleichwohl möglich, trotzdem es Widerstände bei den Pfaffen geben wird.»

Während des Zweiten Weltkriegs zählte die SMUV-Sektion wieder 92 Mitglieder, allerdings waren immer weniger Uhrmacher darunter. Nothilfe wurde weiterhin geleistet, so etwa mit der Abgabe von Briketts, Kartoffeln, Äpfeln oder Schuhen als Winterhilfe.

Nickel-Massenuhr, aus dem Besitze von Architekt Hugo Petitpierre, Murten. Um 1900.

Die Uhrenbranche ist gewerkschaftlich traditionell gut organisiert.

Krankenkasse und Krankenbesucher

Der Grossvater von Walter Urben mütterlicherseits, Viktor Fasnacht, hat ungefähr ab der Jahrhundertwende in der Uhrenfabrik Muntelier gearbeitet. «Es gab eine Art eigene Krankenkasse in der Fabrik. Grossvater war ihr letzter Kassier», weiss Urben. «Man musste per Post einzahlen, und wer nicht zahlte, bei dem ging Grossvater einkassieren. 2 Franken im Monat. Manchmal zu Fuss nach Büchslen, nach Altavilla oder nach Faoug.» Für diese Kasse wurde gar eine eigene Fahne gefertigt, welche bei Viktor Fasnacht im Zimmer aufgehängt war. «Wenn jemand starb, ging Grossvater mit der Fahne zur Beerdigung», so Urben. «Er selber starb 1947 im Alter von 87 Jahren. Sie banden ihm die Fahne wie eine Trauerschleife über den Sarg.» Diese Kasse sei danach aufgelöst worden und in die reguläre Krankenkasse übergegangen. Eine ähnlich soziale Funktion ging vom Krankenbesucher aus, welcher Arbeitskollegen am Krankenbett aufsuchte.

Werner Habegger absolvierte von 1948 bis 1952 eine Lehre bei der Montilier Watch. Er habe mit einem Lehrlingslohn von 40 Rappen die Stunde begonnen, welcher in den darauf folgenden Jahren auf 50, 60 und 70 Rappen anstieg, dies bei einer 48-Stunden-Woche. «Nach der Lehre hätte ich im Akkord arbeiten können, aber ich machte dies nicht lange. Ich wechselte dann auf einen Stundenlohn, und auf diesen gab es sogar eine Teuerungszulage. Das gab es in anderen Branchen nicht», erinnert sich Habegger. «Als Uhrmacher war man wohl privilegiert.»

Damals sei man von den Arbeitskollegen fast gezwungen gewesen, in der SMUV mitzumachen, sagt Habegger, und zwar bereits mit 16 Jahren: «Wöchentlich mussten wir Kärtchen kaufen. Das war schon etwas wie eine Pensionskasse.»

Für den früheren SMUV-Kassier Urs Obi war die Arbeiterbewegung eine jurassische Tradition, die mit den jurassischen Uhrmachern auch in Muntelier Einzug hielt. «Es gab im Jura Uhrenfabriken, bei denen war es fast Bedingung, in einer Gewerkschaft zu sein. Zum Teil waren bis zu 100 Prozent einer Belegschaft Mitglied.» Werner Habegger bestätigt: «Es waren eher die Welschen, die mitmachten. Die alten Muntelierer Uhrmacher waren nicht in einer Gewerkschaft.»

Chefs mochten Gewerkschafter nicht

André Stöckli begann im Jahr 1954 mit einer Lehre in der Uhrenfabrik Muntelier. Er selber sei nie Gewerkschafter gewesen, weiss aber, dass die Uhrmacher gewerkschaftlich immer gut organisiert gewesen sind. Die Gewerkschafter hätten ihren nicht organisierten Arbeitskollegen gesagt: «Wenn ihr arbeitslos werdet, steht ihr hinten an.» Bei Kollegen seien solche Worte gut angekommen, so Stöckli, bei den Chefs hingegen nicht so.

Stöckli ist der Meinung, dass die Uhrenbranche in Sachen Sozialleistungen gegenüber anderen Industriezweigen weit fortgeschritten war. Mitte der 50er-Jahre habe man in Muntelier gerade mit der Samstagsarbeit aufgehört. Dazu gab es immer zwei Wochen Uhrmacherferien, jeweils die letzte Juliwoche und die erste Augustwoche. Besonders auffällig war dies, wenn im Hochsommer die besser gestellten Uhrmacher aus dem Jura am Murtensee ihre Ferien verbrachten. Stöckli war zu seiner Zeit schon gegen Unfall versichert, und die Fabrik zahlte auch einen Anteil an die Krankenkasse. Demgegenüber hat der damalige Lehrling noch mit Arbeitern zusammengearbeitet, welche früher bis Samstagabends um 19 Uhr gearbeitet hätten. Von einem Emil Fasnacht weiss Stöckli, dass dieser noch bis 78-jährig in der Uhrenfabrik arbeitete, weil es damals noch keine AHV gab.

Aimé Fehr, Lohnbuchhalter bei der Montilier Watch und später bei der Timor Watch, weiss, dass zu seiner Zeit in Muntelier sogar eine Pensionskasse eingeführt wurde. Die Gewerkschaften hätten eher im Stillen gewirkt. Sie seien für die Arbeitnehmer da gewesen und hätten schon viel erreicht, etwa die wöchentliche Arbeitszeit reduzieren können.

Die Mitgliederbeiträge für die Gewerkschaft hat auch Arthur Mohler einbezahlt, obwohl er als Atelier-Chef der Timor eine höhere Position hatte. Während seiner Berufszeit sei aber seitens der Gewerkschaft nicht sehr viel gelaufen: «Warum auch? Die Ferien, der Lohn waren gut; man war gegen Arbeitslosigkeit versichert, und eine Unfallversicherung war in der Uhrenindustrie obligatorisch.»

Uhrmacherferien und der freie Samstagmorgen – die Arbeitsbedingungen wurden für die Montilier-Belegschaft immer besser.

8

Millionen von Uhren

ELEGANT GESTYLTE UHREN, DER WECHSEL VON DER MANUFAKTUR ZUM VERARBEITER VON EBAUCHES, FRISCHER WIND UND STETS KEIN GELD

Prachtvolles Damen-Bracelet mit Montilier-Uhr, um 1945. Rotgold 18 Karat. Mit diesem schweren

Bis jetzt war wenig die Rede über die Produkte der Muntelierer Fabrik, den Uhren, die von zahllosen fleissigen Händen in präzisester Arbeit hergestellt wurden. Von ungefähr 1860, dem Beginn der industriellen Fabrikation im Marcoup, bis in die 1920er-Jahre hinein verliessen etwa drei bis vier Millionen Stück Muntelier, um in alle Welt, hauptsächlich aber nach Übersee verschickt zu werden. Dabei sind die Rohwerke und die Uhrenschalen nicht ▸▸

Robust, schön, günstig: Blick in eine nach den USA exportierte Lépine. Werk mit Dreiviertelplatine, Zylinderhemmung, gravierter Hinweis auf Silbermedaille Weltausstellung 1889, Gehäuse-Innendeckel Gravur The Chief. Siehe auch Abbildungen Seite 36 und Seite 97 rechts.

gerechnet, die Domon und danach die Société suisse d'horlogerie als Halbfabrikate separat verkauft haben. Diese Millionen produzierter Uhren zeigen, dass die Muntelierer Uhrenfabrik nicht irgendein marginaler Kleinbetrieb gewesen ist, sondern während Jahrzehnten eine der führenden Firmen im industrieschwachen Kanton Freiburg und während einiger Jahre gar einer der wichtigsten Uhrenhersteller der Schweiz. Schade, dass die Firmenarchive nicht mehr erhalten sind, so kann nur rudimentär über diesen Teil der Firmengeschichte berichtet werden.

Am wenigsten im Bild ist man heute über die frühe Uhrenproduktion. Die Muntelierer Uhrmacher arbeiteten wie erwähnt sicher als Zulieferer für die Etablisseure in La Chaux-de-Fonds. Auch die Produktion von Domon und Dinichert in den 1860er-Jahren wurden wohl ohne Markenbezeichnungen als Massenware für den Export ausgeliefert und so können allfällig erhaltene Muntelierer Uhren aus dieser Zeit heute nicht mehr identifiziert werden. Die frühesten Muntelierer Taschenuhren tragen die französische Ortsbezeichnung «Montilier» in feinsten, gepflegten Versalbuchstaben auf dem Emailzifferblatt und als Gravur auf der versilberten Platine des Zylinderwerkes mit dem aufgesetzten, hübsch gravierten Unruhekloben. Rückseits befindet sich auch der Schlüsselaufzug. Das Gehäuse besteht aus der silberfarbenen Metalllegierung, für die Domon öfters gelobt wurde. Entstanden sind diese Uhren in den 1870er-Jahren, am Schluss der Ära Domon und nach Übernahme durch die Société suisse d'horlogerie. Es gibt Uhren des gleichen Typs, deren silberfarbenes und ungraviertes Gehäuse bereits den Stempel «SWC» für Swiss Watch Company (Société suisse d'horlogerie) tragen. Auf dem Staubdeckel ist zusätzlich die Bezeichnung «Montilier» graviert. Häufiger tauchen aus der Zeit bis 1900 Taschenuhren in Gehäusen aus goldfarbener Legierung oder vergoldetem Metall auf, die reich und sehr gepflegt im Stile des «fin de siècle» teils maschinell, teils von Hand ziseliert, graviert und guillochiert sind. Dies in einer kleineren und in einer grösseren Version für Damen und Herren. Meist trägt der Staubdeckel hinten die Bezeichnungen «Swiss Watch Co.» und «Montilier» sowie das ovale Signet M mit zwei Delphinen. Auch hier handelt es sich um robuste, günstige Alltagsuhren ohne technischen Schnickschnack, teils noch mit

Taschenuhr mit Wecker, brünierter Stahl, Werk und Zifferblatt unmarkiert, um 1910. In den Uhrmacherkatalogen ist dieses Werk für Montilier vermerkt.

Schlüsselaufzug, meist aber schon mit Aufzugswelle und Krone. Zu haben waren neben den Zylinderwerken auch solche mit Ankerhemmung. Es scheint, dass der weitaus grössere Teil der Muntelierer Uhren als «No-Name-Produkte» auf den Markt gebracht worden ist. Nur so ist es zu erklären, dass verhältnismässig selten Muntelierer Uhren aus der Zeit von vor 1900 auf dem internationalen Sammlermarkt erscheinen. Das Internet-Auktionshaus eBay bietet jährlich meist weniger als ein halbes Dutzend solcher Montiliers zum Kaufe an.

Die ersten Armbanduhren

Auch aus der Zeit nach 1900 bis Ende des Ersten Weltkrieges lässt sich die Modellpolitik der Uhrenfabrik Muntelier nur ansatzweise rekonstruieren, da genau datierbare Uhren, aber auch Preislisten, Prospekte und Kataloge sowie anderes Dokumentationsmaterial vollständig fehlen. Die erfolgreichen Modelle aus der grossen Zeit der Société suisse d'horlogerie in den 1880/90er-Jahren dürften auch über die Jahrhundertwende hinaus produziert worden sein, da die Alltagsuhren in jenen Jahren noch weit weniger von Modetrends beeinflusst waren. Im frühen 20. Jahrhundert dürfte die «Montilier»-Massenware hauptsächlich aus Herrentaschenuhren, Typ Lépine, in schmucklosen Nickelgehäusen, bestanden haben, die nach wie vor fast komplett im eigenen Haus hergestellt wurden. Die auswärts gefertigten Zifferblätter tragen arabische oder römische Ziffern und um diese Zeit dürfte auch der charakteristische «Montilier»-Schriftzug entstanden sein, der mit wenigen Ausnahmen bis Ende der 1940er-Jahre verwendet worden ist. Die Werke dieser günstigen Massenfabrikate sind gut verarbeitet und weisen vergoldete und versilberte Platinen auf, dazu meist 15 Uhrsteine für die Rädchenlager.

Robuste Massenuhr, nach Australien exportiert, mit gravierter Widmung. Um 1900.

Neben dem Label «Montilier» kreierte die Firmenleitung weitere Markennamen, die teils wohl selten eingesetzt wurden. Die bekannteste dieser Untermarken ist die «La Morat». Uhren mit dieser Bezeichnung tauchen hin und wieder auf dem Sammlermarkt auf. Daneben liess die Geschäftsleitung Bezeichnungen wie «Colonia», «Velora», «Montilio» und andere mehr schützen. Ein Sonderfall ist die Untermarke «Adria», die ebenfalls auf dem Geschäftspapier

Die verschiedenen Labels der Uhrenfabrik Muntelier, 1920er-Jahre.

Savonnette, Nickel, Kronenaufzug, seltene Marke mit Hecht. Um 1910. Nach China exportiert.

der Uhrenfabrik erscheint. Diese kam später in andere Hände und wird heute als «Adriatica/Adria» im Tessin hergestellt. Ein weiterer Spezialfall ist ferner die «Alpina». Als Marke der Bieler Genossenschaft «Union horlogère» wurden hier Uhrwerke der Mitgliedsfirmen verarbeitet. Constant Dinichert wurde in den 1920er-Jahren Mitglied der «Union horlogère». Ob die Munteliererer Uhrenfabrik für «Alpina» Werke liefern konnte, ist nicht bekannt.

Im Frühsommer 1916 machte Henri Buchs, Präsident des freiburgischen Handels- und Industrievereins und Verwaltungsrat der Société suisse d'horlogerie, mit seinen Vereinsmitgliedern einen Ausflug in den Seebezirk, dessen Programm die Murtner Färberei an der Ryf sowie die Munteliererer Uhrenfabrik umfasste. Der «Murtenbieter» berichtete in seiner Ausgabe vom 12. Juni ausführlich über diese Besichtigung in den «geräumigen Werkstätten der Fabrik, wo zur Zeit, trotz der Krisis, die sich mancherorts geltend macht, bei 260 Arbeiter beschäftigt wer-

Für einige Uhrengruppen seiner Produktion brauchte Montilier das Label La Morat.

Gepflegte La Morat, florales Silbergehäuse mit partieller Goldauflage. Um 1910.

Wecker, vergoldetes und patiniertes Messinggehäuse, Radiumzeiger und Ziffern. Um 1925.

La Morat, Tisch- und Wanduhr, brünierter Stahl und Messing. Um 1925.

Reise- oder Automobiluhr für den US-Markt, mit Widmung Chicago 1925/26.

Miniatur-Reiseuhr in Form eines ledergebundenen Buches unter Verwendung eines Armbanduhrwerks. Um 1940.

Armbanduhr La Morat, Radium-Ziffern und -Zeiger, Original-Armband. Um 1915.

den. Welche Bedeutung das Geschäft für die Gegend hat, erfuhren sie durch die Mitteilung, dass die Uhrenfabrik Muntelier über 400 000 Fr. an Arbeitslöhnen, Besoldungen etc. ausrichtet. Die Herren bewunderten in den Werkstätten auch die vollständig moderne Ausrüstung in Werkzeugen, die mannigfaltigen Maschinen, wovon verschiedene automatisch arbeitende etc.» Weiter liest man im Lokalblatt interessante Details über das Produkteprogramm des Unternehmens: «Bekanntlich stellt die Uhrenfabrik in Muntelier hauptsächlich Metall-Uhren, einige Spezialitäten für Automobile, Bureaux

Verchromte Lépine, guillochiertes Zifferblatt mit (eventuell später) angelöteten Armbandlaschen.

und die Bracelet-Uhren [her], die am Arme getragen und heute immer mehr verlangt werden, besonders auch vom Militär.» Bracelet- oder Armbanduhren, wie man sie heute nennt, waren für die Muntelierer Fabrik anlässlich des Besuchs durch den Freiburger Handels- und Industrieverein noch eine recht neue Produktegruppe. In Muntelier begann man nicht sonderlich früh mit der Herstellung dieser neuen Uhrengattung. Omega, beispielsweise, fertigte schon 1892 erste Armbanduhren, Typ Lépine-Taschenuhren mit Armbändern, und ab 1900 wurden sie in Biel bereits industriell produziert. In den 1920er- und 1930er-Jahren verdrängte schliesslich die Armbanduhr die jahrhundertealte Taschenuhr fast vollständig.

Dunkle Wolken

Seit spätestens Ende der 1910er-Jahre war die Gemeinde Muntelier Kleinaktionärin der Société suisse d'horlogerie. Meist vermerkte man den Eingang der Jahresrechnung und der Einladung zur Aktionärsversammlung im Gemeinderatsprotokoll, nahm aber selten an der Generalversammlung der Unternehmung teil, die jeweils in Bern stattfand. Am 3. Juni 1924 nahm der Muntelierer Gemeinderat emotionslos zur Kenntnis, dass die Uhrenfabrik den Nennwert ihrer Stammaktien von 1000 auf 400 Franken reduzierte. Dies war ein Kapitalschnitt zur Sanierung der Bilanz. Am 25. Juni 1924

Lépine, verchromt, guillochiertes Zifferblatt, rückseitig Gravur mit Freiburger Wappen, um 1925.

wurde die Reduktion des Aktienkapitals von 586 000 Franken auf neu 234 000 im Handelsregister festgehalten. Noch anfangs der 1920er-Jahre erlaubte die finanzielle Lage der Société suisse d'horlogerie den Bau verschiedener Doppelhäuser in der Murtner Längmatt, die sie einzelnen ihrer Mitarbeiter vermietete. Bereits im Februar 1924 hatte sich der Murtner Gemeinderat mit der Uhrenfabrik beschäftigt. Über ihre gemeindeeigene Ersparniskasse war die Stadt Murten Gläubigerin der Gesellschaft, die über Liegenschaften abgesichert schienen. In Murten kamen nun Befürchtungen auf, dass die geliehenen Gelder zu wenig sicher mehr seien. Die Ersparniskasse verlangte von der Firmenleitung entweder zusätzliche Sicherheiten oder die Amortisation von Teilen der Schulden. Die Uhrenfabrik entschied sich zur Rückzahlung einer Tranche und versprach weitere 10 000 Franken zurückzubezahlen, falls sie innert nützlicher Frist ihr Haus an der Bubenbergstrasse in Murten verkaufen könne. Der Verwaltungsrat der Ersparniskasse nahm diesen Vorschlag an und hielt in seinem Protokoll fest, die «Uhrenfabrik bei den gegenwärtigen schwierigen Zeiten sowenig als möglich in ihren Geschäften zu behindern». Murten verlangte aber, dass konsequent jährlich 5000 Franken amortisiert werden sollten, damit sich die Schuld in absehbarer Zeit auf unter 100 000 Franken reduziere.

Montilier produzierte unter eigenem Namen und auch für andere Labels Eisenbahneruhren, 1930er-Jahre.

Der neue Besen kehrt gut

Ohne Zweifel, die Uhrenfabrik Muntelier war in eine schwierige finanzielle Situation geraten. Probleme, die sich nicht nur mit den widrigen konjunkturellen Umständen erklären lassen, sondern hausgemacht waren. Der über 60-jährige Constant Dinichert holte sich Hilfe von auswärts und engagierte im Herbst 1927 Charles Léon Christen (1891-1952) als Vizedirektor

Kleine, elegante Reiseuhr in lachsfarbenem Lederetui. Um 1925.

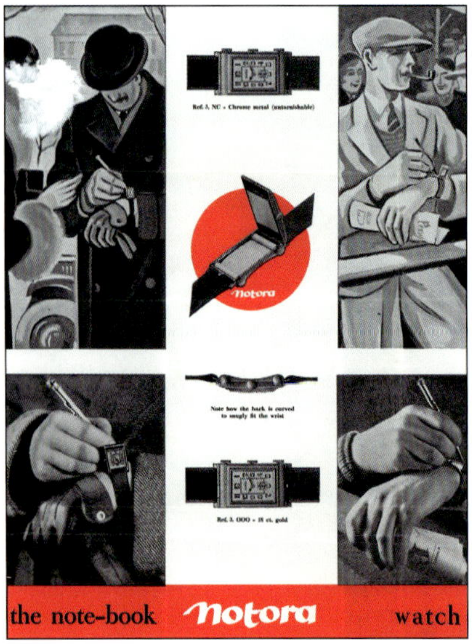

Werbeflyer für Notora von Montilier, der Uhr und Notizblock in einem, anfangs 1930er-Jahre. Verschiedene Schweizer Marken propagierten ähnliche Modelle.

Werbebroschüre für Montilier-Uhren. Um 1928/1930.

für sein Unternehmen. Der junge Familienvater hatte das Uhrengewerbe gewissermassen im Blut. Aufgewachsen als Sohn eines exzellenten Graveurs und einer Damenschneiderin in La Chaux-de-Fonds absolvierte er das dortige Handelsgymnasium mit Matura und war in verschiedenen Handelsfirmen der Uhrenmetropole tätig. Danach zog er für «Omega» einige Jahre nach London und arbeitete danach in den USA.

In Muntelier machte er sich sehr rasch an die Umstrukturierung des veralteten und finanzschwachen Betriebs. Noch immer war «Montilier» eine reine Manufaktur, d.h., der grösste Teil der Uhrenbestandteile wurde von der Firma selber fabriziert. Gerade für Produkte im unteren Preissegment war diese Fertigung längst nicht mehr rationell und viel zu teuer. Neu wurden die Bestandteile hinzugekauft und so die Kosten gesenkt. Das ging nicht ohne die Reduktion des Personalbestandes und gleichzeitig mussten die Vor-

Hervorragende, flache Savonnette, Art déco, in guillochiertem Weiss-, Gelb- und Roségold-Gehäuse, 14 Karat, vergoldetes Werk. Um 1930.

aussetzungen zur Herstellung neuer Werke geschaffen werden, was wiederum Geld verschlang, Geld das nirgends vorhanden war! Bei den Taschenuhren waren schon neue Modelle in modisch gestylten Art-déco-Gehäusen eingeführt worden, die in verschiedensten Materialien zu haben waren. Die Nickel-Billiguhr mit selber gefertigter Schale gehörte aber weiterhin zum Fabrikationsprogramm. Neu musste aber unbedingt das Angebot an Armbanduhren ausgebaut werden, ein zukunftsträchtiger Bereich, der von Dinichert vernachlässigt worden war. Hierfür bezog man die Rohwerke komplett von auswärts. Hinzu kam der Aufbau der Verkaufsaktivitäten und der Werbung. Charles Christen investierte viel Zeit in die Kundenpflege und war oft unterwegs.

1932 wurde Christen Direktor, Constant Dinichert, inzwischen 70-jährig, zog sich als Delegierter in den Verwaltungsrat zurück.

Was geschah zwischenzeitlich in Muntelier mit den durch die Reorganisation leer gewordenen Räumlichkeiten auf dem Fabrikareal im Marcoup? Im Mai 1928 bahnte sich eine Zusammenarbeit mit der jungen, in Bern tätigen Saia ab, die Schaltuhren und Elektrozähler produzierte. Die prosperierende Saia mietete Räumlichkeiten im Westflügel der Fabrik im Marcoup und verlegte einen Teil ihrer Produktion von Bern hierhin. Bald waren hier 30 Arbeiter und etliche Lehrlinge beschäftigt, wie der «Murtenbieter» vom 13. Oktober 1935 berichtete.

Taschenuhr, Silber, Zifferblatt mit aufgelegten vergoldeten Indizes. Um 1925.

Taschenuhr, Silber guillochiert, champagnerfarbenes Zifferblatt, vergoldetes Ankerwerk. Um 1925.

Geld oder Deponierung der Bilanz

Die grosse Weltwirtschaftskrise, die sich nach dem Börsenkrach vom Oktober 1929 ausbreitete, wirkte sich verheerend auf die Uhrenindustrie aus. Die Uhrenfabrik Muntelier, bereits sehr geschwächt und finanziell am Limit, hatte den von Charles Christen eingeleiteten Turnaround noch nicht geschafft. Ende September 1932 schrieb die Geschäftsleitung dem Gemeinderat Murten, man möge die Amortisation ihrer Schuld um 5000 Franken für

Günstige Alltagsuhren der Marke Montilier und La Morat aus der Zeit von 1920 bis 1930.

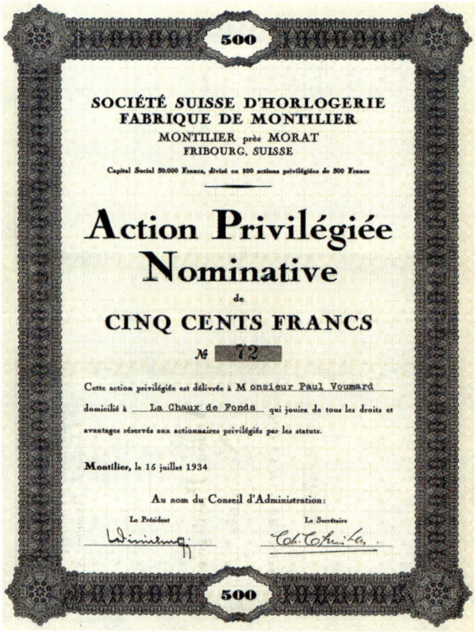

500

SOCIÉTÉ SUISSE D'HORLOGERIE
FABRIQUE DE MONTILIER
MONTILIER près MORAT
FRIBOURG, SUISSE

Capital Social 50.000 Francs, divisé en 100 actions privilégiées de 500 Francs

Action Privilégiée
Nominative
de
CINQ CENTS FRANCS

№ 72

Cette action privilégiée est délivrée à Monsieur Paul Voumard
domicilié à La Chaux de Fonds qui jouira de tous les droits et avantages réservés aux actionnaires privilégiés par les statuts.

Montilier, le 16 juillet 1934

Au nom du Conseil d'Administration:

Le Président — Le Secrétaire

500

Da schmolz das Geld:
Neues Aktienformular der Société suisse d'horlogerie nach dem Kapitalschnitt von 1934.

Savonnette, Goldplaqué, aufgelegte Ziffern, vergoldetes Ankerwerk. Um 1925.

dieses Jahr aussetzen und hält im Brief fest, dass die Immobilien einen Katasterwert von 261 623 Franken aufwiesen, mit den Maschinen und Werkzeugen komme man auf einen Wert von über 300 000 Franken, die Darlehen der Ersparniskasse also sehr gut abgesichert seien. Die Stadt Murten als Eigentümerin der Bank lehnte aber ab. Die Fabrik bittet kurz darauf die Murtner Behörden nochmals auf ihren negativen Entscheid zurückzukommen. Im Protokoll des Verwaltungsrates der Ersparniskasse wurde vermerkt, dass sich die Uhrenfabrik nicht scheue, ihre heikle finanzielle Lage zu schildern; sie sei durch die schon lange andauernde Krise in diese Schwierigkeiten gekommen und es sei noch keine Besserung in Sicht. Man hegte keinen Zweifel am guten Willen der Schuldnerin und bewilligte zähneknirschend die Aussetzung der Zahlung für das laufende Jahr. Ein weiteres Gesuch um Stundung im Jahr darauf gab schon zu keinen Diskussionen mehr Anlass. Die Bewilligung wurde am 5. Dezember 1933 durchgewunken, da die Krise weiterhin anhielt. Statt ein Jahr Ruhe zu haben, kam es am 9. März 1934 im Verwaltungsrat der Ersparniskasse zum Eklat. «Als etwas ganz Unerwartetes kommt dem Rath eine von Herrn Präsident Staub dem Rath unterbreitete Angelegenheit», schrieb der Protokollführer der Ersparniskasse und fuhr fort: «Es betrifft das Sorgenkind, die Uhrenfabrik Muntelier. Herr Staub eröffnet, das die Direktion der Uhrenfabrik Muntelier die Ersparniskasse vor das fait à compli stelle: Hilfe zur Sanierung oder Konkurs. Diese Mitteilung wirkt im Rath wie ein Donnerschlag. Bereits sind Staat und Staatsbank schon um Beistand angegangen worden. In Anbetracht des Ernstes der Lage hat der Staatsrat einen Beitrag von fr. 10 000 zugesichert und die Staatsbank einen solchen von fr. 25 000. Diese Zahlungsleistungen geschehen unter der ausdrücklichen Bedingung, dass das Finanzinstitut der Gemeinde Murten ebenfalls mit fr. 25 000 beispringe. Die Folgen sind unabsehbar. Ohne Ausnahme ist sich der Rat dessen klar, dass diese Summe als uneinbringlich erachtet werden müsse. Wird der Vorschuss abgelehnt, so wird die Lokalität den Konkurs der Uhrenfabrik Muntelier unzweifelhaft zu gewärtigen haben, dies in allernächster Zeit. Die Diskussion wird recht lebhaft benützt. Trotz dem Ernst der Situation sprechen sich die die Herren E. Meyer und James Hänni entschieden in dem Dinge aus, dass der Kredit zu verweigern sei. Die Herren Baechler und Joggi können sich begreiflicherweise weder für das eine noch für das andere entschliessen. Das Ansinnen an unser Institut ist allzu rasch und unerwartet gekommen. Herr Joggi möchte sich vergewissert wissen, ob die Unterstützungen zur Sanierung von Seiten des Staates und der Staatsbank denn auch wirklich erfolgen würden und stellt die Bedingung der Einsetzung eines Controlleurs. Er wünscht ebenfalls unter Kontrolle & Einsicht in die Auszahlung der in Anbetracht der Verhältnisse zu hohen Saläre der obern Angestellten. Ein Beschluss zur Auswirkung der begehrten Credithilfe kommt nicht zu Stande. Der Gemeinderat wird sein letztes Wort haben. Herr Stadtammann & Verwaltungspräsident G. Staub wird dort über die Ansichten des Rates referieren.»

Elegante Goldplaqué-Savonnette, aufgelegte Ziffern, vergoldete Werkplatinen, 1920-/30er-Jahre.

Lépine, Niello-Gehäuse, Champagner-Zifferblatt mit gemalten Zahlen. Um 1925.

Champagnerfarbene Zifferblätter sind für die Zeit um 1930 charakteristisch. Zwei identische Modelle, Nickel- und Chromgehäuse.

Der Murtner Gemeinderat schluckte in seiner Sondersitzung die Kröte und bewilligte den verlangten Kredit, was im Ersparniskassa-Verwaltungsrat in dessen Sitzung vom 13. März in einen handfesten Krach und zu nachfolgenden Spannungen mit dem Gemeinderat mündete. Die Herren Emanuel Meyer und James Hänni protestierten lauthals über diesen Entscheid und gaben klar zu Protokoll, dass die Ersparniskasse bereits eine Hypothek von 125 000 Franken auf den Immobilien der Uhrenfabrik investiert habe, die sehr gefährdet sei. Zudem monierten die beiden, dass seinerzeit beim Verkaufe des zum Immobilienbesitz der Fabrik gehörenden Schlosses an die Familie Dinichert, die Hypothek anteilig am Wert des Schlosses nicht reduziert worden sei. Sie hielten ferner fest, dass zeitweilig nur noch ein Zehntel der Belegschaft von «Montilier» in der Gemeinde Murten lebte. Die Rettung eines Unternehmens sei in erster Linie Sache der Aktionäre und Direktion der Uhrenfabrik Muntelier, es solle nicht der tadellose Ruf der gemeindeeigenen Sparkasse wegen Gewährung einer zweiten Hypothek in Gefahr gebracht werden. Am Entschluss als solches gab es jedoch nichts zu rütteln, der Gemeinderat als oberste Behörde für die Ersparniskasse hatte die verlangten 25 000 Franken freigegeben, der Verwaltungsrat der Kasse regelte bloss noch die Modalitäten, in denen u.a. verlangt wurde, dass man jederzeit Einblick in die Bücher haben wolle.

Elegante Goldplaqué-Taschenuhr von Montilier, Art déco, um 1930. Vernickeltes Werk.

Vermutlich auch auf Druck von Freiburg wurden die Geschäftsunterlagen der Uhrenfabrik genau untersucht. Dies geschah durch Bücherrevisor Hans Kappeler aus Bern, der am 6. April 1934 deswegen in Muntelier erschien und die Buchhaltung genau unter die Lupe nahm. Bereits in seiner Sitzung vom 16. April konnte der Ersparniskasse-Verwaltungsrat den Bericht Kappelers besprechen und «durfte» das Ultimatum der Uhrenfabrik Muntelier zu Kenntnis nehmen, das nur gerade lautete: «Geld oder Deponierung der Bilanz»! Im Protokoll steht da lapidar: «Es wird der Bericht von Herrn Kappeler verlesen, der wie nicht anders erwartet wurde, äusserst ungünstig lautet. Er, Herr Kappeler, erachtet das Unternehmen, insofern nicht eine Umstellung auf eine andere Industrie vollzogen werden kann als rettungslos. Vom finanziellen Standpunkt aus betrachtet ist ohne aller Zweifel, dass die ausgeworfenen tausende von Franken von der Kasse ‹ins Kamin› zu schreiben wären. Eine andere Seite ist aber die, richtet die Gemeinde Murten durch das Organ der Ersparniskasse nicht aus, ist die Katastrophe jetzt schon da, durch die angekündigte Konkurserklärung würden automatisch Bundes- & Kantonsbeiträge an die Chomagekasse ausgeschaltet und ein halbes hundert Personen würden dadurch aufs Pflaster gesetzt. Die Diskussion wird eröffnet und der Standpunkt der Ersparniskasse in dieser Sache lebhaft erörtert.» Im weiteren Verlauf der Sitzung einigte man sich schliesslich doch zur Gewährung des Kredits, nimmt jedoch – wie die Freiburger Staatsbank – eine Reduktion um 5000 Franken vor und erklärt, dass das Darlehen in vier Etappen zu je 5000 Franken bezahlt werde. Zum Schluss konstatierte man, dass in den ersten drei Monaten 1934 in Muntelier bereits ein Betriebsdefizit von 16 000 Franken erfolgt sei. Am 20. April wurde der Fabrikdirektion der Entscheid der Kasse mitgeteilt. In Muntelier war man wenig erfreut über die Auszahlung in Raten und wiederholte nochmals das Ultimatum «Geld oder Deponierung der Bilanz». Der Murtner Eisenwarenhändler Ernst Joggi, neu Kassen-VR-Präsident, fuhr zwischenzeitlich nach Freiburg zur «Audienz» mit Staatsrat Victor Buchs, Bruder des Verwaltungsrates und langjährigen Co-Direktors der Uhrenfabrik Henri Buchs. Dieser erklärte Joggi, dass der Staatsrat die Liquidation der Uhrenindustrie im Kanton Freiburg verhindern möchte und sich deshalb zur genannten Hilfe entschlossen habe.

Nach alter Tradition setzte der Reklamezeichner die übergross dargestellte Fabrikanlage als Werbebotschaft ein. Ein weiter Gebäudekomplex und rauchende Kamine, das sollte Prosperität und Bedeutung der Marke «Montilier» unterstreichen. Die Wirklichkeit sah anders aus: statt wie in der Blütezeit gegen 600 beschäftige die Firma um 1936, als das Plakat entstand, bloss noch rund 50 Personen. Teile der Gebäude standen leer oder waren vermietet.

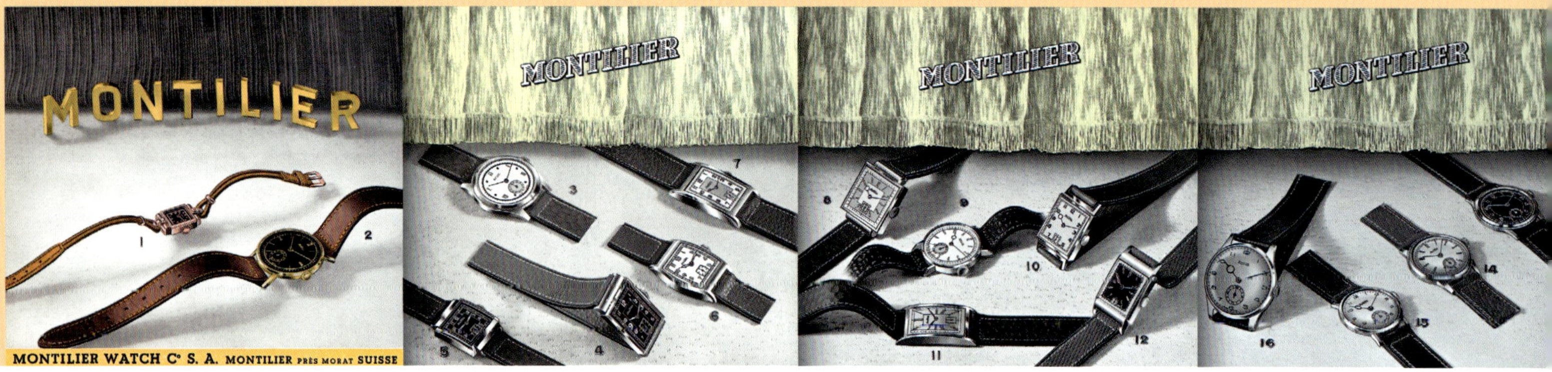

Wechsel im Angebot: Die Taschenuhren verschwanden und die Armbanduhren wurden vielfältiger. Prospekt um 1938.

Aus dieser Sicht der Dinge blieb Murten nicht viel übrig als an der Sanierung der Fabrik mitzuarbeiten. Man blieb beim Entschluss auf ratenweiser Auszahlung, unbeachtet der offenbar wenig erspriesslichen Sitzung mit dem VR-Delegierten der Société suisse d'horlogerie, Constant Dinichert. Mitte Februar 1935 wurde die vierte und letzte Zahlung auf das Konto der Uhrenfabrik geleistet.

Der Protokollhinweis aus der Verwaltungsratssitzung der Murtner Ersparniskasse vom 16. April 1934 zeigt auf, dass damals die Muntelierer Uhrenfabrik nur noch um die 50 Leute beschäftigte. Weniger als zehn Prozent der einst gegen 600 Personen in ihren Spitzenzeiten. Allerdings war in jener Zeit die Produktion noch viel weniger automatisiert. Dies geschah spätestens mit den Neubauten 1908 bis 1912. Ende 1910 beschäftigte die Fabrik beispielsweise nur noch 281 Personen, 24 davon waren Heimarbeiter, wie der «Murtenbieter» in seiner Ausgabe vom 28. Januar 1911 berichtete. Die Umstellung des Betriebs auf Zukauf von Rohwerken und weiterer Materialien sowie deren Endfertigung Ende der 1920er-Jahre kostete wiederum zahlreiche Arbeitsplätze wie auch die grosse Weltwirtschaftskrise, in der man steckte. Die Société suisse d'horlogerie, fabrique de Montilier hatte sich vom einstigen Schwergewicht in der Schweizer Uhrenindustrie zum Kleinbetrieb zurückgebildet. Für den industrieschwachen Kanton Freiburg und hauptsächlich für das Murtenbiet, das immer noch wenig Arbeitsplätze seiner Bevölkerung zu bieten hatte, war «Montilier» doch ein wichtiger Arbeitgeber, den man nicht missen wollte.

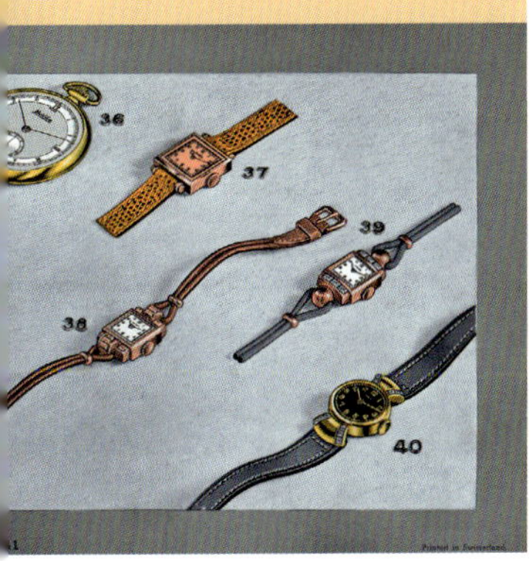

Montilier Watch Co. S.A.

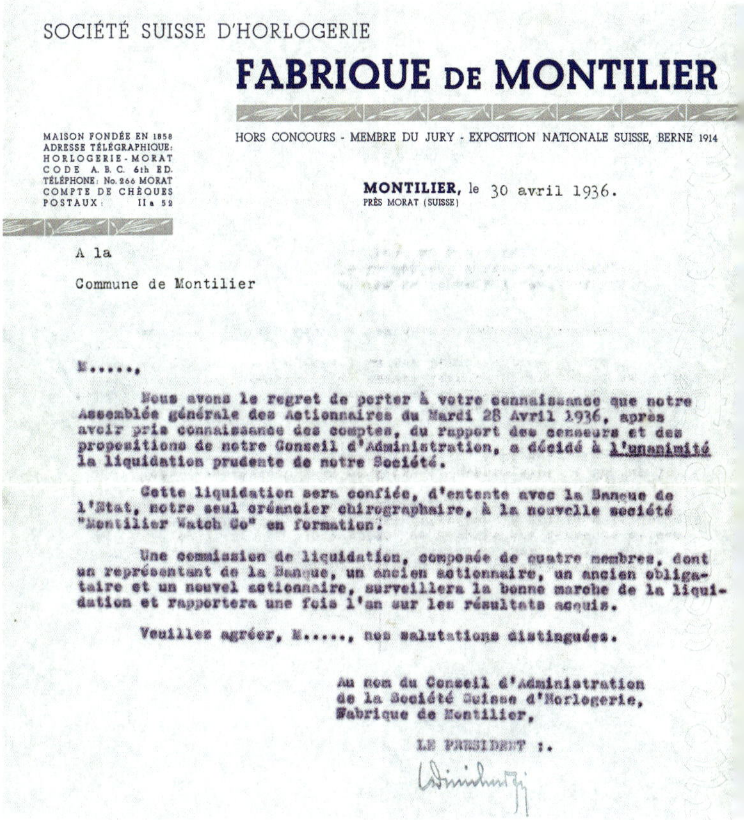

SOCIÉTÉ SUISSE D'HORLOGERIE

FABRIQUE DE MONTILIER

MAISON FONDÉE EN 1858
ADRESSE TÉLÉGRAPHIQUE: HORLOGERIE-MORAT
CODE A. B. C. 6th ED.
TÉLÉPHONE: No. 266 MORAT
COMPTE DE CHÈQUES POSTAUX: IIa 52

HORS CONCOURS - MEMBRE DU JURY - EXPOSITION NATIONALE SUISSE, BERNE 1914

MONTILIER, le 30 avril 1936.
PRÈS MORAT (SUISSE)

A la

Commune de Montilier

M.....,

Nous avons le regret de porter à votre connaissance que notre Assemblée générale des Actionnaires du Mardi 28 Avril 1936, après avoir pris connaissance des comptes, du rapport des censeurs et des propositions de notre Conseil d'Administration, a décidé à l'unanimité la liquidation prudente de notre Société.

Cette liquidation sera confiée, d'entente avec la Banque de l'Etat, notre seul créancier chirographaire, à la nouvelle société "Montilier Watch Co" en formation.

Une commission de liquidation, composée de quatre membres, dont un représentant de la Banque, un ancien actionnaire, un ancien obligataire et un nouvel actionnaire, surveillera la bonne marche de la liquidation et rapportera une fois l'an sur les résultats acquis.

Veuillez agréer, M....., nos salutations distinguées.

Au nom du Conseil d'Administration
de la Société Suisse d'Horlogerie,
Fabrique de Montilier,

LE PRESIDENT :

Der Gang nach Canossa: Constant Dinichert teilte seinen Aktionären die Liquidierung der überschuldeten Firma mit.

Trotz rascher finanzieller Hilfe durch den Staat Freiburg, die Staatsbank und die Ersparniskasse blieb die Lage des Unternehmens prekär. Gut zwei Jahre nach der Kapitalspritze stand die Uhrenfabrik wieder vor dem Aus. An der Generalversammlung vom 28. April 1936 wurde die Liquidation der 60 Jahre alt gewordenen Société suisse d'horlogerie, fabrique de Montilier, beschlossen. Mit den Gläubigern, hauptsächlich der Freiburger Staatsbank, sollte ein Weg gefunden werden um den Konkurs zu vermeiden. Gleichzeitig mit dieser Mitteilung an die Aktionäre am 30. April teilte VR-Präsident Constant Dinichert mit, dass eine Auffanggesellschaft zur Rettung der Uhrenfabrik gegründet werde, die mit dem Namen «Compagnie des montres Montilier S.A. (Montilier Watch Co. S.A.)» ins Handelsregister eingetragen werden soll, was per 31. Dezember 1936 auch geschah. Diese Firma übernahm vorerst mietweise von der alten Gesellschaft alle Produktionsmittel und die Räumlichkeiten. Dem Gemeinderat Muntelier fiel ein Stein vom Herzen. Eine Liquidation oder Konkurs hätte «naturgemäss für unser Dorf schwere Nachwirkungen» gehabt, wie man am 5. Mai 1936 im Gemeinderatsprotokoll vermerkte. Die neue Gesellschaft war vorerst mit einem Kapital von 32 100 Franken ausgestattet, was viel zu wenig war. Nach zwei weiteren Kapitalerhöhungen brachte man es auf 117 000 Franken. Zu den ersten Aktionären der Montilier Watch Co. S.A. gehörten auch Mitglieder aus

Briefpapier mit gestempeltem Hinweis auf die neu gegründete Firma Montilier Watch Co. S.A., 1936.

MONTILIER WATCH CO S.A.

HORS CONCOURS - MEMBRE DU JURY
EXPOSITION NATIONALE SUISSE 1914

ADRESSE TÉLÉGRAPHIQUE: HORLOGERIE - MORAT.
CODE A.B.C. 6th. ED.
TÉLÉPHONE: N° 266 MORAT.
COMPTE DE CHÈQUES POSTAUX: IIa. 52.

CC/GB

MONTILIER
PRÈS MORAT (SUISSE)

le 13 Mars 1939.

Briefpapier der Montilier Watch Co. S.A., Ende 1930er-Jahre.

Victor Buchs (1866-1953), Staatsrat, danach langjähriger Verwaltungsrat der Montilier Watch Co. S.A.

der Familie Dinichert, so der glücklose VR-Präsident Constant, der gleich 12 Aktien zu 300 Franken zeichnete, sowie dessen jüngerer Bruder Paul, zu jener Zeit Botschafter in Berlin. Mit von der Partie war auch der Genfer Emile Rivoire, Pauls Schwiegervater, der in der alten Gesellschaft lange im Verwaltungsrat sass. Wie zuvor zeichnete auch die Gemeinde Muntelier Aktien. Mit 15 Stück war sie kurz die bedeutendste Aktionärin der neuen Firma. Im neuen Verwaltungsrat war sie zudem mit einem Mitglied vertreten. Mit dabei waren auch Leute aus Freiburg, Muntelier und Murten sowie Personen aus der Uhrenbranche. Victor Buchs, der eben aus dem Staatsrat zurückgetreten war, machte ebenfalls mit und zeichnete gleich sieben Aktien. Auch Direktor Charles Christen glaubte an seinen Betrieb und übernahm zehn Aktien. Später kamen noch weitere Kleinaktionäre hinzu, während Männer wie Botschafter Paul Dinichert bei den Kapitalerhöhungen ihre Aktienbestände aufstockten. Im ersten Geschäftsjahr, das per Ende Juli 1937 endete, schaute immerhin schon ein Gewinn vor Abschreibungen von etwas über 14 000 Franken heraus, was die

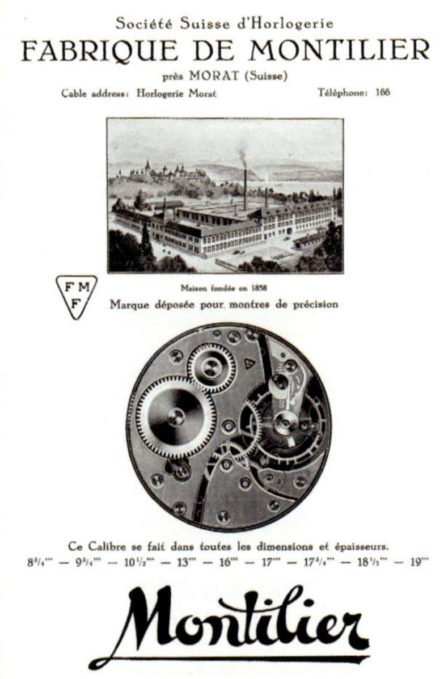

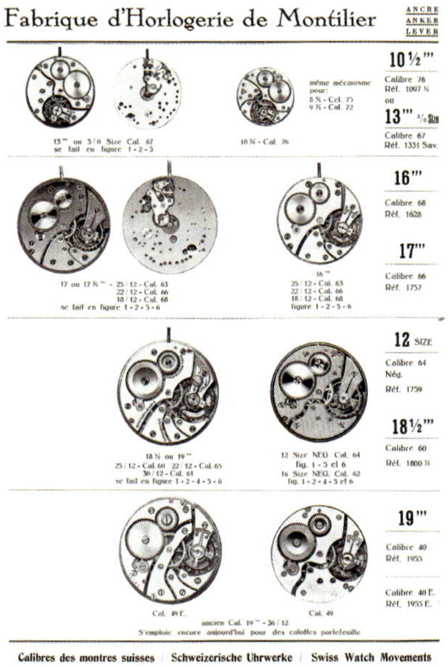

«La classification horlogère des calibres de montres et des fournitures d'horlogerie suisses», erste Ausgabe 1936. Die Produktion aus Muntelier wurde auf zwei Seiten vorgestellt.

Ausschüttung einer Dividende von 5% erlaubte. In dieser Zeit befreite der Kanton aus Gründen der Wirtschaftsförderung die Montilier Watch für einige Jahre von den Kantonssteuern. Aber auch in den nächsten Jahren erwirtschaftete die Fabrik einen Gewinn, was weitere Ausschüttungen erlaubte.

Mühsamer gestaltete sich die Liquidation der alten Gesellschaft. Insgesamt hatte diese bei der Staatsbank einen laufenden Geschäftskredit von 170 000 Franken, der grösstenteils von Freiburg abgeschrieben werden musste, sowie bei der Ersparniskasse 145 000. Letztere waren durch die Liegenschaften und Maschinen in Muntelier abgesichert. Die Verhandlungen mit der Ersparniskasse waren zäh, lange lag eine Versteigerung der Pfandobjekte in der Luft, was für die neue Gesellschaft fatale Folgen gehabt hätte. Dürften doch kaum die Kunden und Lieferanten zwischen der alten und der neuen Uhrenfabrik unterschieden haben. Die Verantwortlichen der Montilier Watch und ihr Anwalt Dr. Max Friolet versuchten die Zahlung an die Ersparniskasse möglichst weit unter 100 000 Franken herunterzuhandeln. Die Kasse schaltete aber auf stur und beharrte auf die Bezahlung der 145 000. So zogen sich die Gespräche dahin. Schliesslich einigte man sich auf einen Gesamtpreis von 100 000 Franken, was der Montilier Watch Co. S.A. im Herbst 1939 den Kauf der Fabrikgebäude mit den Maschinen ermöglichte.

Der neue Mieter Timor Watch

Anfang 1936 verliess die Saia ihre von der Uhrenfabrik Muntelier gemieteten Räume und zog sich auf den Standort Bern zurück. Die Räume im Montilier-Areal blieben vorübergehend leer, die Mieteinnahmen fehlten der alten, sich in Liquidation befindlichen Société suisse d'horlogerie aber auch. Mit der Herstellerin von Schaltuhren und Elektrozählern blieb man geschäftlich in Kontakt, Montilier lieferte der Saia während vieler Jahre, bis ins Jahr 1954, die qualitativ anspruchsvollen

Edith Christen-Stauffer (1892-1985) erhielt von ihrem Ehemann Charles diese elegante Fingerringuhr, graviert mit den Initialen «EC». Montilier-Einzelstück, Gold, 18 Karat, um 1945. Aufgeklappt siehe Seite 26.

Montilier-Werbung im Branchenjournal «Revue internationale d'horlogerie» 1940er- und 1950er-Jahre.

Präzisions-Uhrwerke für das Schaltuhren- und Zeitschalterprogramm der aufstrebenden Berner Firma. Dieser permanent laufende Grossauftrag sicherte zumindest in den letzten Jahren der Zusammenarbeit das Überleben der Muntelierer Uhrenfabrik. 1954 wurde von der Saia die Produktion der Uhrwerke in die eigene Fabrik integriert.

Montilier Watch benötigte für ihre Tätigkeiten höchstens die Hälfte der vorhandenen Räume in den grossen Gebäulichkeiten im Marcoup. Für den Rest musste wieder ein Mieter gefunden werden. Am 16. Januar 1939 hält der Muntelierer Gemeindeschreiber im Ratsprotokoll fest, dass die Bieler Firma Colgor Watch eines der unbenützten Ateliers in der Uhrenfabrik in Miete übernehmen möchte. Direktor Robert Brandt ersuchte die Gemeindebehörden um Bewilligung. Diese schickte das Gesuch mit positivem Bericht nach Freiburg weiter. Keine Woche später outete sich der Uhrenindustrielle Jacques Bernheim von der Timor Watch in La Chaux-de-Fonds als der eigentliche Mieter in der Uhrenfabrik Muntelier. Etwas pikiert nahm man von dieser Geschichte im Gemeinderat Muntelier Kenntnis. Wieso dieses Manöver klandestin über einen Hintermann mit den Behörden getrieben wurde, lässt sich heute nicht mehr nachvollziehen. Direktor Christen von der Montilier Watch war damals noch nicht der bestimmende Hausmeister, die Liegenschaften gehörten ja zu diesem Zeitpunkt noch zur Liquidationsmasse der

Société suisse d'horlogerie und waren über die Ersparniskasse der Stadt Murten verpfändet. Es ist aber anzunehmen, dass Christen von diesem Spiel wusste, umso mehr die beiden Direktoren sich kannten und schätzten. Die Behörden dürften sich bald beruhigt haben. Da trug sicher Bernheims Äusserung das Ihrige bei, dass Timor in erster Linie Arbeiter aus Muntelier anstellen wolle und im Laufe der Jahre entwickelte sich zwischen der Gemeinde und Timor eine angenehme und erspriessliche Zusammenarbeit.

Ende 1947 orientierte Alt-Botschafter Paul Dinichert, der sich immer noch stark für die Montilier Watch engagierte, ohne allerdings im Verwaltungsrat tätig zu sein, dass man über eine Erhöhung des Aktienkapitals nachdenke. In den letzten Jahren hatte das Unternehmen regelmässig gut abgeschlossen und konnte auf das Aktienkapital ansprechende Dividenden auszahlen. Montilier Watch hatte von der guten, kriegsbedingten Auftragslage profitiert. Man

Sportliche Rotgold-Uhren gleichen Typs in 18 bzw. 14 Karat, Ende 1940er-Jahre.

Aus der Timor-Produktion: Links elegante Herren-Armbanduhr, automatic, Gold 18 Karat, Werk der Montilier Watch & Co. S.A. Mitte, Gold 9 Karat, mit originalem Flexarmband, rückseitige Widmungsgravur Sheffield, 1958, fein guillochiertes Zifferblatt. Rechts, Fantasie-Damenührchen, Gehäuse vergoldet und emailliert, 1950er-Jahre.

produzierte nicht nur Uhren, sondern war für die Eidgenössischen Rüstungsbetriebe auch in der Munitionsfertigung tätig. Nach dem Krieg brachen diese Aufträge weg, was wieder zu Schwierigkeiten führte. Die kleine Kapitalerhöhung auf 150 000 Franken kam zustande und wurde am 18. März 1948 im Handelsregister eingetragen. Die Gemeinde Muntelier hatte dabei ihren Bestand von 20 auf 25 Aktien aufgestockt. Wie stark die Gemeinden allgemein am Gängelband des Kantons hingen und heute noch hängen zeigt die Frage des Staatsrates an die Gemeinde Muntelier, woher diese eigentlich das Geld für diesen Aktienkauf herzunehmen gedenke. Die Antwort Munteliers ist nicht bekannt. Die bescheidene Anpassung des Aktienkapitals an die neuen Bedürfnisse der Firma kaschierte die grundsätzlichen Probleme des Unternehmens nur auf kurze Zeit. Das war der enorme Finanzbedarf zur Modernisierung der Arbeitsmittel und der in die Jahre gekommenen Fabrikgebäude. Dazu stockte wieder einmal der Absatz. 1950 musste gehandelt werden. Die Montilier Watch & Co. S.A. brauchte Geld, viel Geld. Am 4. Dezember lud die Firma zur ausserordentlichen Generalversammlung ein, wo über die Verdoppelung des Aktienkapitals von 150 000 auf 300 000 Franken befunden werden sollte. Gemeindeammann Max Fasnacht nahm daran teil und berichtete tags darauf darüber im Gemeinderat. Fasnacht stand skeptisch der Erhöhung gegenüber und tat dies an der Aktionärsversammlung auch kund. Er verlangte eine Expertise über den finanziellen Zustand der Firma. Dieser Antrag löste eine «stürmische Auseinandersetzung» aus, wie er seinen Kollegen erzählte und es war klar, dass dieses Votum abgelehnt wurde. Paul Dinichert, wie die Gemeinde ein gewichtiger Aktionär, war gleicher Meinung wie Max Fasnacht. Der pensionierte Botschafter wurde gleichentags zu einer Besprechung eingeladen, an der man sich über die Lage der Uhrenfabrik besprechen wollte. Man einigte sich auf folgendes Vorgehen, das entsprechend protokolliert wurde: «Sollten die bekannten Misstände in der Fabrik nicht behoben werden, kann der zuständigen Gemeindeversammlung nicht empfohlen werden, für die Erhöhung des Aktienkapitals zu stimmen.» Wie die Geschichte weiterging, lässt sich nicht sagen. Im Gemeinderat war man nicht grundsätzlich gegen eine weitere Aktienzeichnung. Diese hätte allerdings die Gemeindeversammlung bestätigen müssen. Dinichert und die Gemeinde beschlossen später, gegen die Erhöhung zu votieren. Doch sie wurden offenbar überstimmt, die Kapitalerhöhung kam zustande, statt auf 300 000 konnte jedoch nur auf 219 000 Franken aufgestockt werden, was am 1. März 1951 im Handelsregister eingetragen wurde.

Die stilisierte Fabrikansicht suggerierte ab anfangs der 1940er-Jahre ein florierendes, modernes Grossunternehmen mit Tradition.

Die grösste Zäsur der letzten anderthalb Jahrzehnte stand 1952 ins Haus. Am 28. Januar starb völlig unerwartet Direktor Charles Christen, der sich unermüdlich und aufopfernd – es ging soweit, dass er auch mal private Gelder zur Überbrückung in den Betrieb einschoss – um sein «Kind», die Muntelierer Uhrenfabrik, kümmerte. Auf Anfang April demissionierte der Verwaltungsratspräsident der Unternehmung, alt Staatsrat Victor Buchs (1866-1953) aus Altersgründen. Im Sommer nahm Hugo Grünig, als neuer Direktor seine Arbeit auf. Unterdessen waren der langjährigen Mieterin, der Timor Watch, ihre Ateliers gekündigt worden. Der Grund für diesen Rausschmiss ist unklar. Jacques Bernheim, der in seinen Muntelierer Ateliers mittlerweilen 45 Leute beschäftigte und im Dorf bleiben wollte, entschloss sich sehr rasch zum Bau einer eigenen Fabrik, was zügig an die Hand genommen wurde. Die Gemeinde verfügte über kein Industrieland. Hier sprang nach einiger Überzeugungsarbeit durch die Gemeinde Hans Bächler senior, Besitzer des Ochsen-Gutes ein, der eine rund 1000 m^2 grosse Parzelle gleich gegenüber der Uhrenfabrik Muntelier abtrat. Noch im selben Jahr konnte ein zweckmässiges Ateliergebäude realisiert werden, das man im Mai 1953 im Beisein des Gemeinderates einweihte. Ebenfalls 1952, ganz zum Schluss des Jahres, lancierte Hugo Grünig die Hundertjahr-Feier der Montilier-Watch, nachdem lange Jahre immer wieder 1858 als Gründungsdatum angenommen worden war. Genau betrachtet stimmen weder 1852 noch 1858 als

Das 100-Jahr-Jubiläum wurde in der Werbung breit eingesetzt.

Nicht immer ist Montilier drin wenn Montilier drauf steht. Fein guillochiertes Goldgehäuse 18 Karat mit Werk der Elka Watch. Anfangs 1950er-Jahre. Geburtstagsgeschenk für den Murtner Zahnarzt Frank Barbezat.

Gründungsdaten. Nimmt man den Start mit Daniel Gerhard Fasnacht, so müsste 1851 als Startjahr angesehen werden, nimmt man den Umzug nach Muntelier in die ehemalige Rotfärberei im Marcoup, so wäre es 1859 oder eher 1860 mit Beginn der industriellen Produktion. Jubiläumsdaten sind halt so eine Glücksache … Immerhin: man gedachte in aufreibender Zeit der Anfänge und wusste das auch marketingtechnisch umzusetzen. Am 20. Dezember berichtete der «Murtenbieter» über die Jubiläumsfeier und schloss mit den Worten des unbekannten Einsenders, denen wohl eher der Wunsch als die Wirklichkeit zu Gevatter stand: «(…) Die grossangelegten Neuerungen, Verbesserungen und Verschönerungen, die in diesem Betrieb in unerhört kurzer Zeit stattgefunden haben, sind direkt atemberaubend. Man spürt, dass das ganze Werk von einem grossen Geist, von starker Hand und einem gütigen Herzen gelenkt wird. Letzteres bewies ja auch der blühende Friedhof… Für alles sei Herrn Direktor Grünig und seinen getreuen Mitarbeitern herzlich gedankt. Gott segne das Haus, das schon so vielen Arbeit und Brot gegeben hat!»

Herren-Armbanduhr, automatic, Datumsanzeige, Zentralsekunde, Werk und Gehäuse mit Montilier bezeichnet, Gold 18 Karat, 1950er-Jahre.

Zum Schluss: Blick in die Bücher des Handelsregisters

Im Jubiläumsjahr, das de facto gar keines war, trat mit Roger Dinichert das letzte Mitglied der ehemaligen Industriellenfamilie aus dem Verwaltungsrat zurück. Der schillernde Enkel von Constant war blutjung in dieses Amt gewählt worden. Anstelle des zurückgetretenen Victor Buchs kam der Freiburger Banquier André von der Weid (1899-1978) in das Aufsichtsorgan der Uhrenfabrik und wurde gleich dessen Präsident. Anfangs Januar 1953 brachte man eine weitere Kapitalerhöhung über Ort. Nun bestanden

Morex gehörte in den späten Jahren als Label der Montilier Watch und zeigte das gleiche «M» wie das jüngste Montilier-Signet. Aus «Revue internationale d'horlogerie», ohne Datum (um 1953).

Armbanduhr Morex – Montilier, Zentralsekunde, anfangs der 1950er-Jahre.

1000 Aktien zu 300 Franken. Den Aktionären wurde 1952 eine Jubiläumsdividende gewährt, 1953 und 1954 wies man ebenfalls Gewinne aus, die zu den üblichen Dividenden führten. Deshalb muss die Mitteilung des Verwaltungsrates über den Verkauf der Fabrik wie eine Bombe gewirkt haben. Das Schreiben wurde am 8. Februar 1955 im Gemeinderat Muntelier behandelt. Der Verwaltungsrat beabsichtige die Uhrenfabrik zu einem Zehntel des aktuellen Aktienkapitals, also für 30 000 Franken einem noch unbekannten Käufer abzutreten. Die Gemeinde – und wohl weitere Aktionäre – hatten zuvor eine Zwischenbilanz verlangt, die von der ATAG erstellt worden war. Resultat: Unterbilanz von 406 000 Franken! In einer äusserst lebhaften Diskussion missbilligte der Gemeinderat dieses Vorgehen des Verwaltungsrates und beschloss, vorerst die 25 Aktien der Gemeinde nicht zu verkaufen. In der nächsten Sitzung wurde man sich jedoch klar, dass es keinen Ausweg gab. Entweder Verkauf oder Konkurs! So entschied sich die Gemeinde zum Verkauf der Aktien um wenigstens noch einen kleinen Teil

Informationsbroschüre der Saia über das Schaltuhren- und Zeitschalterprogramm, um 1953.

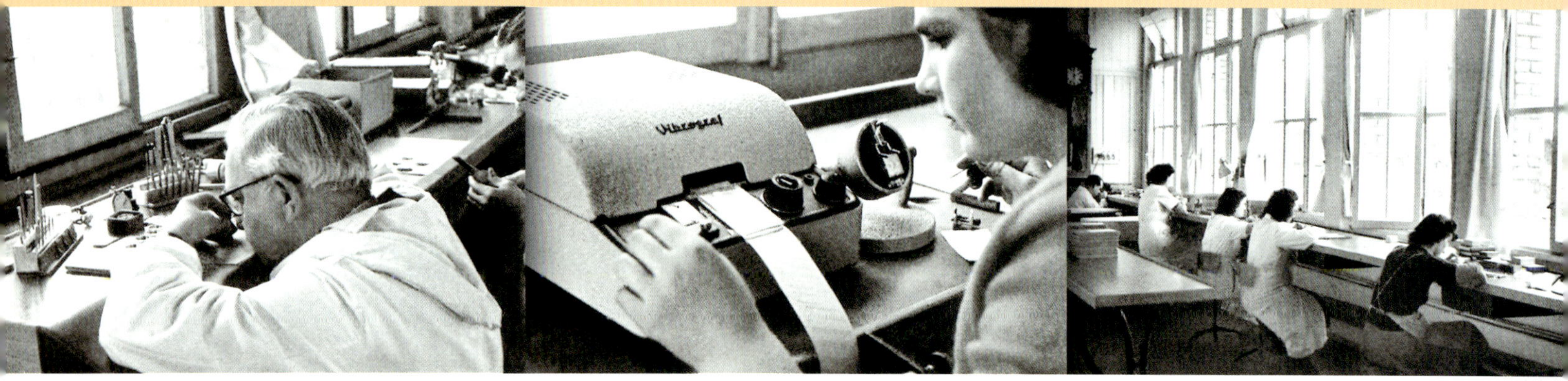

Links: Muntelierer Uhrmacher bei seiner Präzisionsarbeit. Mitte: Uhren-Kontrolle am Vibrografen. Diese seit 1933 bekannten Geräte überprüften innert weniger Minuten den Gang frisch produzierter Uhren, was die Aufdeckung fehlerhafter Exemplare gestattete. Rechts: In der Reglage wurden die Uhren betriebsbereit gemacht.

ihres ursprünglichen Einsatzes für die Gemeindekasse ins Trockene zu bringen. Am 5. April 1955 wurden folgende Mutationen ins Handelsregister eingetragen: Rücktritt des gesamten Verwaltungsrates der Montilier Watch Co. S.A., zusätzlich Rücktritt der Geschäftsleitung, die damals aus Direktor Hugo Grünig und Buchhalter Otto Borel bestand. Neuer Allein-Verwaltungsrat und Geschäftsleiter mit Einzelunterschrift war nun Willy Aellen-Gaberell. Aber nicht für lange. Noch im gleichen Jahr, am 24. Dezember 1955, konstituierten sich Verwaltungsrat und Geschäftsleitung neu. Präsident wurde nun Jacques Bernheim, Mitglieder seine Frau Henriette, geborene Plaat, und der nun in Merlach wohnhafte Willy Aellen-Gaberell. Als Direktor setzte man Ernest-Paul Michelin ein, der schon die Muntelierer Timor-Filiale leitete. Montilier Watch machte also nicht Konkurs, wie verschiedentlich kolportiert, sondern wurde von einer Mittelsperson Bernheims für ein Butterbrot übernommen. Anfangs Oktober 1962 teilte Jacques Bernheim den Muntelierer Gemeindebehörden mit, dass er die Fabrikliegenschaft Walter Leemann für dessen Sinar-Produktion verkauft habe. Kurz zuvor meldete die Timor-Equipe dem Handelsregister den Rücktritt von Aellen, Michelin und weiteren zwei Mitgliedern. Am 28. März 1963, nach einer Kapitalreduktion, bestand die Montilier Watch & Co. S.A. bloss noch aus einem leeren Aktienmantel, der dann am 21. September 1964 auch noch gelöscht worden ist.

Preiswerte Armbanduhren aus den 1940/50er-Jahren,
Goldplaqué und verchromter Stahl, meist mit Zentralsekunde.

9

Die Zeit ist abgelaufen

DIE LETZTEN MONTILIER-DIREKTOREN CHRISTEN UND GRÜNIG – ZWISCHEN PERSONALSUCHE, WEHRMACHT, JUBILÄUMSFEST UND SCHAUFENSTERPUPPEN

Telefoot der Montilier Watch. Diese 1947 patentierte Eigenentwicklung, ein Chronograph, war für die Arbeit auf dem Fussballplatz und für die Überwachung der Dauer von Telefongesprächen gedacht, worauf der Name hinweist. Dieses praktisch fabrikneue Exemplar wurde in der Gegend von Florenz aufgefunden.

Im alten Gebäude der Uhrenfabrik Muntelier hatte es einen Saal für wichtige Sitzungen, wo Unternehmensstrategien diskutiert, Kunden empfangen und Exporte eingefädelt wurden. Man nannte den Raum «Salle du Conseil», da auch der Verwaltungsrat dort tagte. In der Mitte stand ein grosser, massiver Tisch des Schreiners Bula, und an den Wänden hingen riesige Fotos der Dinicherts.

Eines Tages sagte Buchhalter Otto Borel entschlossen: «Fertig. Jetzt räumen wir diese Bilder weg.» Die grossformatigen Aufnahmen der Direktoren verschwanden aus dem «Salle du Conseil» über die Strasse ins Schloss Muntelier, das noch heute im Besitz der Familie Dinichert ist. Hängen blieb einzig ein Bild von Charles Christen, dem neuen Direktor der Montilier Watch.

Dank guten Kontakten und Verdiensten die Nachfolge Dinicherts angetreten: Charles Christen.

Constant Dinichert ernannte ihn 1932 zu seinem Nachfolger, blieb aber selber bis zu seinem Tod 1940 Verwalter und Delegierter des Verwaltungsrates. Dinichert hatte zwei Söhne, aber aufgrund der Verdienste und Kenntnisse war es nur logisch, dass Charles Christen die Direktion über die gesamte Firma übernahm. «Mein Vater verstand viel von der Uhrenindustrie», sagt Christens Tochter Jacqueline Jaggi. Ihr Vater sei viel gereist und habe jedes Jahr eine ganze Reihe Länder besucht: England, Frankreich, Italien, Belgien.

«Zwei Mal im Jahr gab es neue Kollektionen», so Jaggi. «Er ging dann mit einem Koffer den Kunden nach. Der Koffer war schwer, wenn er voll mit Uhren war.» Die Reisen führten Christen mit seinem Koffer öfters bis nach Amerika. Dort hatte Christen in der Person seines Schwagers Maurice Stauffer einen besonders wertvollen Abnehmer. Montilier Watch lieferte Stauffer Rohwerke nach Chicago, dieser liess sie dort einschalen und verkaufte sie «für gutes Geld», wie Jaggi sagt.

Dann gab es noch den Vertreter von Montilier in Österreich namens Adler. Jacqueline Jaggi: «Adler war ein Jude, überhaupt kannte Vater viele Juden und wurde in deren Gemeinschaft auch gut aufgenommen. Adler ist dann in der Folge von Hitlers Machtergreifung nach Amerika ausgewandert, und Vater gab ihm die Generalvertretung von Montilier für die USA, allerdings mit Ausnahme der Rohwerke für seinen Schwager Stauffer. Adler wurde im Verlaufe der Zeit Vaters grösster Kunde in den USA, und zwar unter dem Namen Hamden Watch.»

Von der Taschenuhr zur Armbanduhr

Jacqueline Jaggi hat die Jahre, als ihr Vater Direktor der Montilier war, zwiespältig in Erinnerung. Es habe wohl gute Jahre gegeben, aber es ging unter ihrem Vater doch über längere Zeit abwärts. «Was die Firma verdiente, musste sie gerade wieder investieren», erklärt Jaggi. «Zur Zeit von Constant Dinichert war fast nichts mehr gemacht worden. Eigentlich stellten sich zwei Probleme: Mein Vater sollte ausgebildete Leute finden, und er sollte modernisieren und automatisieren. Doch es mangelte immer an Geld.»

Personal zu finden, sei sehr schwierig gewesen. Montilier hätte den Uhrmachern aus dem Jura mehr Lohn bezahlen müssen als in deren Heimat, nicht zuletzt weil im Jura auch die Mieten niedriger waren. «Vater verbrachte manch schlaflose Nacht. Es hatte keine gelernten Uhrmacher hier, man war eben an der Peripherie der Uhrenindustrie. Er probierte Leute abzuwerben, schaltete Inserate und hakte nach, wenn er eine Rückmeldung hatte. Doch die Uhrmacher hingen sehr an ihrem Jura.»

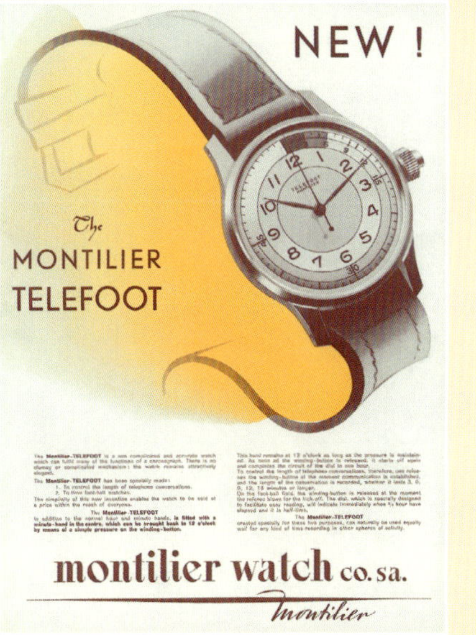

Die Telefoot – eine Armbanduhr für Fussballfans als Zeugnis Muntelierer Innovation.

Die Montilier Watch machte unter Direktor Charles Christen zwei markante Entwicklungen durch, so Jaggi. Zum einen fiel die Umstellung von der Taschenuhr zur Armbanduhr in seine Zeit. «Wir hatten Arbeiter, die spezialisiert waren auf Armbanduhren. Vater trieb das vorwärts.» Zum andern begann Christen vermehrt mit Ebauches-Lieferanten zusammenzuarbeiten. Waren vorher die Taschenuhren noch von A bis Z selber gemacht worden, so kaufte Christen Uhrenteile neu von Lieferanten ein. Insbesondere bestellte Montilier Watch unter Christen Teile von der grossen Ebauches-Fabrik der ETA in Fontainemelon. Zifferblätter bezog die Firma aus einer Fabrik in Biel, die Uhrensteine stammten von Robert Reymond aus Lucens.

Uhren für die deutsche Wehrmacht

Als ob die strukturellen Probleme der Montilier Watch Direktor Christen nicht schon genug belasteten, brach in dieser Zeit noch der Zweite Weltkrieg aus. Für Montilier mit den Exportkanälen nach England und in die USA erschwerte sich die Lage weiter. Es brauchte Spezialbewilligungen und Spezialkontingente, um überhaupt etwas exportieren zu können.

Die Montilier-Militäruhr ist in grossen Stückzahlen hergestellt worden. Anfangs 1940er-Jahre.

«Eines Tages kam ein Herr Plack, oder Plag, aus Deutschland zu meinem Vater und fragte an, ob Montilier nicht Munition für die Wehrmacht fabrizieren konnte», erinnert sich Jacqueline Jaggi. Die Firma Essor in Murten unter Constant Dinicherts Sohn Roger machte Munition für die Deutschen, so Jaggi. Aber ihr Vater sei so fanatisch England-freundlich gewesen, für die Engländer hätte er alles gemacht, für die Deutschen hingegen gar nichts. Andererseits hatte Christen die Verantwortung, für seine Angestellten Arbeit zu besorgen. Jaggi: «So sagte mein Vater dem Deutschen, er könne keine Munition fabrizieren, man habe die Maschinen dazu nicht. Dies war allerdings eine Lüge, denn für die Waffenfabrik Thun stellte Montilier sehr wohl Munition her. Jedenfalls hatte mein Vater einen Geistesblitz und sagte dem Deutschen: ‹Aber ich stelle für die Wehrmacht so viele Uhren her, wie ich kann›.»

Der Gesandte der deutschen Wehrmacht ging auf den Vorschlag ein, reiste jeden Monat nach Muntelier und holte jeweils 3000 Uhren ab.

«Es wurde eine spezielle Uhr für die Wehrmacht produziert», weiss Jacqueline Jaggi. «So eine mit Incabloc. Allgemein wusste man damals in Murten schon, dass die Fabrik Uhren für die Deutschen machte, das war kein grosses Geheimnis. Aber wir hörten natürlich Nachrichten aus dem Ausland; wir wussten, was da lief, und da mussten wir vorsichtig sein, dass nicht schlecht über einen geredet wurde.»

Den Herrn Plack musste man «höbele und bäsele», so Jaggi. Man musste gute Miene zum bösen Spiel machen. «Wenn der Deutsche zu Besuch kam, führte Vater ihn jeweils ins ‹Weisse Kreuz› aus. Vater erzählte nie viel darüber, aber einmal sagte er: ‹Es geht offenbar nicht mehr gut in Deutschland. Jetzt isst der Plack schon die Petersilie von den Fischen›.»

Uhrmacher André Stöckli zeigt sich nicht erstaunt, dass die Deutschen Interesse an den Muntelierer Uhren hatten: «Damit kann man Zeitzünder für Bomben machen.» Auch der Bergier-Bericht zur Aufarbeitung der Rolle der Schweiz im Zweiten Weltkrieg wies nach, dass die Schweizer Uhrenbranche für die deutsche Rüstungsindustrie arbeitete. Allerdings denkt Jacqueline Jaggi nicht, dass die Uhren in Deutschland zweckentfremdet wurden. Die Sekretärin, welche in jener Zeit die Korrespondenz mit den deutschen Kunden führte, meint: «Ich glaube doch, dass unsere Uhren für die deutschen Soldaten bestimmt waren.»

Mit viel Durchhaltewillen den Kriegsjahren getrotzt.

Nebst dem Krieg die Seuche

Dass in Muntelier im Krieg Munition fabriziert wurde, weiss auch noch Rudolf Märki, welcher in den Kriegsjahren die Lehre bei der Montilier Watch machte. «Wir haben für Thun produziert, aber es musste fast geheim sein. Die Gewehrpatronen mit den Messinghülsen wurden in der Decolletage gemacht.» Gemäss Rudolf Märki hätten nicht viele Uhrenarbeiter aufgrund des Aktivdienstes gefehlt: «Viele waren schon zu alt, um Dienst zu leisten. Und wer Munition produzierte, musste ebenfalls keinen Dienst leisten.» Er selber habe zu jener Zeit ein paar Mal in den Landdienst gehen müssen.

Märki mag sich erinnern, dass Direktor Christen einen Beteiligten des Krieges einstellte: «Ende Krieg hatten wir einen Engländer, der abgeschossen und mit seinem Bomber hier notgelandet war. Er arbeitete vielleicht zwei, drei Monate bei uns, in der Abteilung mit den Frauen.» Nicht sicher ist, ob auch von den 200 in der Region Murten internierten Franzosen welche in der Fabrik eingesetzt wurden.

Die Frauen der Uhrenfabrik seien jeweils nach Feierabend im Schulhaus noch zusammengekommen und hätten für die Soldaten Socken gestrickt, sagt Märki. Sein Vater sei monatelang im Dienst gewesen; Soldaten wurden in Muntelier einquartiert. «Es hatte Kompanien noch und noch, die waren zum Teil mit ihren Pferden bei Urbens im Tenn. Und im Löwenberg betonierten sie Panzersperren.» Dazu war damals alles rationiert. Lebensmittel gab es gegen Coupons, und die Selbstversorgung war für die Dorfbewohner wichtiger denn je.

In der Kriegszeit sei auch die Maul- und Klauenseuche nochmals aufgetreten, sagt Rudolf Märki. «Man konnte zum Teil nicht mehr aus dem Dorf raus. Wer rein wollte, musste über eine Stelle treten, wo die Strasse mit Lisol bestreut war, etwas ähnliches wie Sägemehl.»

Walter Urben, dessen Grossvater in der Uhrenfabrik gearbeitet hatte, ergänzt: «Es hatte viele Fabrikarbeiter aus Galmiz, Altavilla, Burg. Die durften während der Seuche nicht mehr arbeiten kommen. Es gab Kontrollen, dass niemand hineinkam ins Dorf. Fast zwei Monate war das Dorf zu. Sie haben Kühe geholt und gemetzget. Man konnte sich desinfizieren lassen. Die Mittel waren in Kübel, und das hat gewaltig gestunken.»

Die Älteren und Frauen mussten keinen Aktivdienst leisten; der Fabrikbetrieb lief weiter.

Nach Christens Tod: «Hände weg von den Aktien!»

Direktor Charles Christen führte die Fabrik in einer in allen Belangen schwierigen Zeit, und er machte sich die Probleme der Uhrenfabrik zu seinen eigenen. Seine Tochter sagt, er habe viel «gekrampft» für die Firma, dabei aber einen eher bescheidenen Verdienst gehabt. Charles Christen verstarb 1952, 61 jährig, in seinem Amt als Direktor an einem Herzinfarkt.

Der Verwaltungsrat mit Präsident Victor Buchs, Fabrikant aus Freiburg, Vize-Präsident Robert Reymond sowie dem Murtner Gewerbetreibenden Ernst Joggi wählte Hugo Grünig zum Nachfolger von Charles Christen als Direktor.

Gemäss der Bieler Zeitung «Express» ist Grünig in Biel geboren, hat das Technikum absolviert. Nach «diversen illustren Posten», befinde er sich nun an der Spitze eines schönen Unternehmens und «kann dort sein ganzes Talent und seine Persönlichkeit unter Beweis stellen». Für die Zeitung stand es ausser Zweifel, dass «Montilier» unter Grünigs energischer Führung einer fruchtbaren und prosperierenden Ära entgegengeht.

Gleichzeitig zur Ernennung Grünigs trat Victor Buchs zurück und André von der Weid wurde neuer Verwaltungsrats-Präsident. Von der Weid war insofern ein Hoffnungsträger, als er im selben Jahr zum Direktor der Freiburger Staatsbank ernannt wurde. Zuvor hatte er drei Jahre die Filialen der Schweizerischen Bankgesellschaft in La Chaux-de-Fonds und Le Locle geleitet und in dieser Funktion enge Kontakte zu prominenten Uhrenindustriellen gepflegt. Als neuer Direktor der Freiburger Staatsbank wurde von der Weid vom Staatsrat in die Umsetzung eines neuen kantonalen Industrialisierungs-Programms einbezogen.

Der letzte Montilier-Direktor: Hugo Grünig.

Der neue Direktor Grünig machte einen Antrittsbesuch bei der Witwe Christens, doch er hinterliess bei ihr keinen guten Eindruck. Jacqueline Jaggi erinnert sich: «Mama sagte mir, sie habe kein gutes Gefühl gegenüber diesem Grünig. Er war so ‹geschnigelt und geschnagelt›, trug Wildlederhandschuhe, war überperfekt angezogen. Grünig sagte auch, er habe als Bub Vater von der Zeit bei Omega her gekannt; Vater habe damals mit ihm zusammen Schneebälle geworfen. Ich kannte einige Fabrikanten und stellte Nachforschungen über Grünig an, unter anderem bei einem Perrenoud. So fand ich heraus, dass Grünig nur der Sohn des Abwartes bei der Omega gewesen war. Perrenoud traf mich persönlich und sagte mir: ‹Hände weg. Verkauft die Aktien sofort!›.»

Die Aktien stammten noch von Charles Christen, und seine Frau tat sich schwer damit, diese zu verkaufen. Immerhin hatte ihr Mann sich so für die Firma aufgeopfert; in den Aktien steckte Christens Herzblut mit drin. Schliesslich verkaufte ihre Mutter doch, so Jaggi. «Ernst Joggi war ein Freund meiner Mutter, und er sagte, er übernehme die Aktien. Kurze Zeit später waren die Aktien nichts mehr wert, und Joggi hat das ganze Geld verloren.»

Der Buchhalter hatte seine Zweifel

Die Witwe von Charles Christen war nicht alleine in ihrem Unbehagen gegenüber dem neuen Direktor Hugo Grünig. Robert Etzensberger sagt, sein Vater Ernest habe nicht gewollt, dass er bei ihm in der Montilier Watch in die Lehre gehe: «Vielleicht hat er geahnt, dass die Fabrik eingehen wird.»

Ein ähnliches Gespür hatte Otto Borel, welcher 1939 von Direktor Christen als Buchhalter eingestellt worden war. In Borels Heimat La Chaux-de-Fonds hätte es keine Arbeit mehr gehabt, Krise und Krieg hätten ihr Tribut gefordert, erzählen Annette und Pierre Borel. Sie erinnern sich, wie ihr Vater neben der Arbeit in der Uhrenfabrik als Fourier Luftschutz leisten musste. Im Krieg hätte er nachts auf die Türme der Ringmauern steigen und Flieger beobachten müssen.

Als nach Christens Tod Hugo Grünig Direktor wurde, stieg Otto Borel zum Prokuristen auf. Grünig sei immer unterwegs gewesen und habe ihren Vater öfters mitgenommen, so Annette und Pierre Borel. Otto Borel sei oft spät von der Arbeit nach Hause gekommen, zudem habe der Direktor über Borel Zigarren importieren lassen. Die Geschwister Borel hatten den Eindruck, dass Grünig unternehmenslustig war und zu modernisieren versuchte. Unter anderem verabschiedete sich die Fabrik unter Grünig von einer alten Dampfheizung mit einem Heizkessel von der Grösse eines Eisenbahn-Waggons. In diesen Kessel hätten die Lehrbuben einmal im Jahr hineinsteigen müssen, um den Kalk abzuschlagen. Sie nahmen dafür eine Kerze mit, und wenn diese erlosch, hiess das: «Sauerstoffmangel! Sofort raussteigen!» Stattdessen liess Grünig eine vielleicht 80 000 oder 100 000 Liter grosse Heizzisterne in den Boden graben.

Armbanduhr mit originalem Flexband, vergoldet, Zentralsekunde, Ende 1940er-Jahre.

Viele Gäste und noch mehr Optimismus beim 100-Jahr-Jubiläum der Montilier.

Ungeachtet der Neuerungen bekamen die Kinder Borel mit, wie sich ihr Vater trotz mehr Lohn immer mehr Sorgen machte: «Er hat wohl etwas gespürt, und deshalb hat er sein Haus noch als Prokurist unserer Mutter überschreiben lassen.» Ihr Vater habe Montilier Watch nach dem 100-Jahr-Jubiläum verlassen und später bei der Menalux in Murten eine Stelle gefunden.

Nur ein halbes Jahr nach Amtsantritt, im Herbst 1952, war es Hugo Grünig vorbehalten, als Direktor das 100-Jahr-Jubiläum der Uhrenfabrik zu feiern. Grünig trat als Autor einer rund 30-seitigen Jubiläumsschrift auf, und da schrieb er unbescheiden über die neue Führung:

«Unter der neuen Direktion wurde die gesamte Fabrik modernisiert und reorganisiert. Neuanschaffungen und moderne Maschinen wurden getätigt, um besser die Qualitätsuhr der heutigen Zeit herstellen zu können.

Der technische Fortschritt wurde stetig umgesetzt und komplettiert durch technische und wissenschaftliche Recherchen, die kontinuierliche Verbesserung der Ausrüstung und die Ausbildung einer qualifizierten Arbeiterschaft auf Basis rationeller Produktivität.

In diesem Sinn sehen wir einer Zukunft entgegen, die unserer schönen Industrie Ehre gereicht und Produkte schafft, welche den guten Ruf unseres Hauses überdauern.»

Jurassier kamen und gingen mit der Konjunktur

Uhrmacher André Stöckli anerkennt die Bestrebungen Grünigs zu modernisieren. «Doch das stieg ihm in den Kopf und ging hinten hinab.» Stöckli sah, dass der Betrieb der Montilier uralt war, und er entschied sich stattdessen, bei der Firma Timor eine Lehre zu machen. Viele Angestellte erkannten, dass die Hoffnungen auf eine bessere Zukunft nicht beim neuen Montilier-Direktor Grünig lagen, sondern bei der Timor, welche im gleichen Fabrikgebäude eine viel modernere Produktion aufgezogen hatte.

Aimé Fehr arbeitete gleichzeitig bei Montilier Watch und Timor, für welche er die Lohnbuchhaltung machte. Wie er sagt, war Mitte der 50er-Jahre die Uhrenindustrie in La Chaux-de-Fonds in einem ganz schlechten Zustand. Deshalb seien viele Uhrmacher täglich hin- und hergereist. Mit dem Zug seien sie bis nach Ins gekommen, und vom Bahnhof Ins gab es einen Bus bis zur Muntelierer Uhrenfabrik. Aber als die Konjunktur im Jura nach kurzer Zeit wieder anzog, hätten diese Uhrmacher wieder Stellen in ihrer Heimat angenommen. Danach sei Montilier eingegangen.

Aimé Fehrs Schwester, Rita Pietroboni-Fehr, erlebte die letzten Jahre der Montilier Watch als Angestellte am Etabli. Den Direktor Hugo Grünig beschreibt sie wie folgt: «Er war aus dem Jura gekommen, konnte so gut Deutsch wie Französisch. Er wohnte aber nicht hier, auch seine Familie wohnte auswärts. Er hatte so einen stechenden Blick.»

Man habe in hellen Räumen gearbeitet, in weissen Blusen. Auf dem Etabli hatte es ein Lämpchen und eine Lupe, dazu Pincette, Schraubenzieher, Schräublein. Auch wenn die Arbeiterinnen in ihrem Team ungelernt waren, mussten sie Uhren teilweise zusammensetzen, und diese wurden dann am Vibrografen kontrolliert. Wenn eine Uhr nicht gut war, habe man diese wieder auseinander genommen, in Teile zerlegt und erneut zusammengesetzt. Atelierchef Piaget habe ihnen dabei unauffällig über die Schultern geschaut, und manchmal sei auch der Direktor mit seinem stechenden Blick gekommen.

Pietroboni hat Grünig als guten Chef in Erinnerung: «Er war ein korrekter Mensch, für alle gleich. Er hatte ein gewisses Auftreten, wusste aber immer ein gutes Wort für seine Angestellten. Mit ihm hatte ich nie Unannehmlichkeiten.»

Die Fabrikarbeiterin kannte Grünig als Kaufmann, der modern gedacht habe. Christen hingegen habe die alte Zeit repräsentiert. Allerdings sei Grünigs Karriere in Muntelier kurz gewesen. «Schon bald nach dem grossen Fest verschwand Grünig wieder», so Rita Pietroboni. «Ich habe nie vernommen, wohin er ging.» Jaqueline Jaggi hat gehört, dass Grünig später in einer ganz anderen Branche gearbeitet habe.

Taschenuhren wurden bis weit in die 1950er Jahren hinein von Montilier produziert.

Mit Aufputschmittel gegen Stress

Die Mittel für eine Modernisierung der Fabrik fehlten.

Werner Habegger hatte soeben die Lehre bei Montilier Watch beendet und war aus der Rekrutenschule zurückgekehrt, als die Firma das 100-jährige Bestehen feierte. Er arbeitete damals im Uhrmacheratelier der Fabrik, in der Uhrwerkmontage, wo es ungefähr 30 bis 40 Angestellte hatte. In der Montage habe es verschiedene Metiers gegeben: das Mechanische, die Finisseusen für die Räderwerke, die Acheveurs, welche die Hemmungen der Uhr einstellten, das Setzen von Unruh und Spiralen, die Zifferblattsetzer, die Einschaler und die Regleusen, dazu der Sertisseur, der die Steine in die Platine setzte. «Es lief alles im Akkord», so Habegger. «Alles ging weiter in Kartons. Sechser- oder Zwölferkartons. Ein Kontrolleur, ein Uhrmacher, achtete auf die Qualität. Wenn diese nicht stimmte, ging die Uhr wieder zurück. Werner Habegger ist sich bewusst, dass Akkordarbeit und die Kontrollen Stress für die Angestellten bedeutete. «Viele haben das Aufputschmittel Saridon genommen.»

Habegger sagt, seine Abteilung habe weniger unter der mangelnden Modernisierung gelitten, da dort vieles in Handarbeit gemacht wurde. Aber auch er bemerkte, dass vor allem der Bereich Mechanik hoffnungslos veraltet war. «Da wimmelte es nur so von Transmissionsriemen», sagt er. Dem Sohn des Portiers, Paul Hans, habe es einmal den Ärmel des Pullovers reingezogen, doch Lehrling Rudolf Märki konnte im letzten Moment die Maschine abstellen.

Auch Vreni Wieland erzählt, ihr habe es einmal einen Schübel Haar ausgerissen. «Die Transmissionen liefen entlang zwei Längen. Von dort gingen Riemen weg zu den Maschinen auf der Seite. Es war alles offen, es gab keinen Gesichtsschutz. Grünig führte schliesslich einen solchen Schutz ein.»

Vreni Wieland sagt, dass einige neue Maschinen kamen, und man so eigentlich nicht das Gefühl hatte, es ginge mit der Fabrik abwärts. Unter Direktor Grünig habe man am Nachmittag gar 45 Minuten weniger arbeiten müssen, als zuvor unter Christen. Auch der Samstag sei nun ein freier Tag geworden. An der Jubiläumsfeier hat Wieland tagsüber in der Fabrik arbeiten müssen, und einige «hohe Tiere» seien den Betrieb besichtigen gekommen. Die Angestellten seien dann heimgegangen, hätten sich umgezogen, und am Abend habe es im «Bad» ein grosses Fest gegeben. «Ein grosses Fest, das konnte Grünig», so Wieland. «Die Alten erhielten noch ein Jubiläumsgeschenk.»

Die Zeitung «Express» zeigte sich beim Jubiläumsfest beeindruckt von den geladenen Gästen angeführt von Staatsratspräsident Paul Glasson, den «vor Herzlichkeit vibrierenden Ansprachen», den treuen Arbeitern mit 50 oder mehr Dienstjahren, sowie der wunderbaren Verbundenheit «von der Direktion bis zum letzten Arbeiter.»

Mit den Schaufensterpuppen kam das Ende

Als junge Frau bekam Vreni Wieland vom Niedergang der Firma nicht viel mit. Sie und ihre Kolleginnen waren stattdessen zu Streichen aufgelegt. Beispielsweise: «Neben uns arbeitete der alte Pfäffli. Der arbeitete für den oberen Stock. Er konnte nicht gut laufen und hatte immer wieder eine Tafel Schokolade in seiner Schublade versteckt. Oft fragte er uns, ob wir für ihn nicht Ware in den oberen Stock bringen könnten. Wenn er Schokolade hatte, sagten wir, wir hätten viel zu tun. Er ging so langsam nach oben, dass, wenn er zurückkam, die Schokolade gegessen war. Und er hat immer gedacht, der Etzensberger habe sie ihm weggegessen.»

Schaufenster-Automat «Der kleine Uhrmacher», 1950er-Jahre.

Selbst den Direktor Grünig nahmen die Fräuleins auf die Schippe. «Der Grünig war arrogant. Er stolzierte durch die Fabrik und hatte immer Bleistifte und Kugelschreiber in der Brusttasche. Ihn ahmten wir nach, indem auch wir massenhaft Bleistifte und Kugelschreiber in unsere Schurztaschen steckten.»

Vreni Wieland sagt, Grünig habe den Atelierchef Kramer «rausgeekelt». Kramer habe sich später das Leben genommen.

Wenn die Arbeiterschaft etwas vom Niedergang der Montilier Watch merkte, dann höchstens durch immer mehr firmen- oder gar branchenfremde Aufträge. Werner Habegger weiss noch, dass er und seine Arbeitskollegen Werke für die Firma Saia produzierten. Es seien relativ grosse Uhrwerke gewesen für Treppenhausautomaten und anderes. «Zuletzt haben wir überhaupt nicht mehr viele eigene Werke montiert», so Habegger. «Am Schluss liess Grünig in der Fabrik sogar noch Schaufensterpuppen machen.»

Neues Leben in alten Fabrikmauern

SAIA, RASTA, TURMIX, FRIBOSA, SINAR –
EINE REIHE BEKANNTER INDUSTRIEBETRIEBE PRODUZIERTEN
IN DER MUNTELIERER UHRENFABRIK

10

Präzis und preisgünstig – das waren Synonyme für Montilier, um 1925.

Das Gebäude der Uhrenfabrik hatte die Dimensionen eines Grossbetriebs. Eine lange Front erstreckte sich über 100 Meter in Ost-West-Richtung, östlich zweistöckig, im Westen gar dreistöckig, dazu entlang der Fabrikstrasse auf einer Länge von 80 Metern ebenfalls zweistöckig mit dem markanten Türmlein. Leicht lässt es sich vorstellen, wie in diesem Komplex Hunderte Arbeiterinnen und Arbeiter ihrer Tätigkeit nachgingen. Überdimensioniert waren die Räumlichkeiten der Fabrik dafür in Krisenzeiten, wenn mit reduzierter Belegschaft zusätzlich noch Kurzarbeit eingeführt wurde. Belege darüber finden sich vor allem aus den 1920er-Jahren.

In der Fabrik der Montilier Watch machte man aus der Not eine Tugend: Neue Industrie- und Gewerbebetriebe zogen in die nicht mehr genutzten Fabrikteile und begannen dort ihre Produktion am Standort Region Murten. Dieses Konzept hat sich in späteren Jahren auch andernorts durchgesetzt. Beispiele dafür sind in Murten die ehemaligen Fabrikgebäude der Firmen Menalux und der Laubscher, welche umgebaut wurden und heute als mittelgrosse Gewerbezentren dienen.

Direktor der Uhrenfabrik kümmerte sich um Saia-Personal

Für die Produktion des Schaltapparates 200 mietete sich die Saia bei Montilier Watch ein.

Im Fabrikgebäude der Montilier Watch liess sich mitten in der grossen Uhrenkrise eine Firma nieder, die später das eigentliche Zugpferd der Murtner Industrielandschaft werden sollte: die Saia. Die Aktiengesellschaft für Schaltapparate (auf Französisch: Société Anonyme des Interrupteurs Automatiques = SAIA) war 1920 gegründet worden und produzierte anfänglich in der sogenannten «Schalti» im Berner Mattenquartier. Die Zeitschalter fanden bei anspruchsvollen Grossunternehmen guten Absatz; auf den Apparaten Modell 100 folgte das Modell 200 und darauf das Modell 300. Die Fabrik in Bern war schon bald zu klein, und deshalb eröffnete die Saia 1928 im westlichen Teil der Uhrenfabrik Muntelier einen Filialbetrieb. Rund 70 Angestellte, darunter auch der spätere Muntelierer Ehrenbürger Ernst Löffel, stellten dort das Modell 200 her.

Da die Saia schon zu jener Zeit stark Export-orientiert war, bekam die Firma den Zusammenbruch der Börse in New York stark zu spüren. Aufträge aus Übersee blieben aus, Lager wurden abgebaut, und der Schweizer Franken verlor 1936 stark an Wert. Für die Saia bedeutete jenes Jahr eine Wende. Ein neuer Verwaltungsratspräsident gab der Firma neue Strukturen, klare Richtlinien und Zielsetzungen. Die Automatisierung führte zu einer effizienteren Produktion, so dass die Saia ihren Betrieb in der Uhrenfabrik Muntelier wieder aufgab.

Ein Briefwechsel mit der Gewerkschaft SMUV zeigt, wie eng die Beziehungen zwischen der Montilier Watch und der Berner Firma gewesen waren. Die Saia-Direktion befand sich in Bern, und deshalb sollte sich Montilier-Direktor Charles Christen vor Ort um das Munteliererer Saia-Personal kümmern.

Die Gewerkschaft richtete sich mit ihren Anliegen regelmässig an Christen. Die SMUV wollte in der Munteliererer Saia eine Arbeiterkommission einsetzen, beim Berner Direktor Heiniger stiess sie aber auf taube Ohren.

Christen erklärte, er müsse namens der Saia Bern den Munteliererer Saia-Arbeitern die Lohnauszahlung besorgen, Einstellungen und Entlassungen vornehmen. In einem Brief an den Gruppenpräsidenten Saia Muntelier heisst es: «Weil die ‹Saia› einen guten Zins für die gemieteten Räume bezahle, könne die Uhrenfabrik auch keinen Druck ausüben....Die Arbeiter könnten schon zu ihm (Christen) kommen, wenn sie etwas vorzubringen haben, aber er habe keine Kompetenz, Ja oder Nein zu sagen, sondern müsse alles nach Bern weiterleiten.... Er wisse schon, dass in Bern immer alles auf die Uhrenfabrik abgewälzt werde, was ihm auch nicht recht sei.» Gemäss Christen würden Briefe mit der Adresse «Saia» an die Uhrenfabrik geschickt, er dürfe diese aber nicht öffnen, sondern müsse sie nach Bern umadressieren.

Charles Christen scheint öfters in einen Gewissenskonflikt betreffend Saia geraten zu sein. Die Saia-Direktion habe beispielsweise in Bern Arbeiter eingestellt und diesen gesagt, dass sie zur Uhrenfabrik Muntelier gehörten. Christen wurde da einfach vor vollendete Tatsachen gestellt – zum Teil sogar erst, nachdem diese Arbeiter schon in Muntelier mit ihrer Arbeit begonnen hatten.

Christen sagte den SMUV-Vertretern, «er werde immer bereit sein, für die Arbeiter der ‹Saia› zu tun, was ihm möglich sei, weil er ja auch nicht haben möchte, dass über ihn geschimpft würde. Aber er sei eben ganz an das gebunden, was von Bern befohlen würde.»

Der Direktor der Uhrenfabrik sollte sich auch gleich um das Saia-Personal in Muntelier kümmern.

Haushaltmixer und Gasmasken

Die Produktionsräume im Erdgeschoss des hinteren Fabrikteils sollten nach dem Wegzug der Saia nicht lange ungenutzt bleiben. Der Industrielle Traugott Oertli richtete sich mit der Firma Turmix dort ein.

Gute Stimmung bei den Angestellten der Turmix.

Nebst Haushaltsmixern wurden auch Gasmasken für die Armee hergestellt.

Traugott Oertli hatte früher zusammen mit seinem Bruder Walter die Firma «T. und Ing. W. Oertli» für den Vertrieb von Autolacken gegründet. Bald aber übernahmen die Oertli-Brüder die Schweizer Vertretung für amerikanische Ölbrenner; unter anderem liess sich die Schweizergarde eine solche Ölheizung installieren. Ende Juli 1939 trat Traugott Oertli aus der Firma aus.

Er liess sich eines Tages von einem Cocktailmixer inspirieren und entwickelte einen als Haushaltsmaschine konzipierten Mixer, den er ab 1943 in Muntelier herstellen liess, damals noch unter dem Namen «Elektronorm». Der Name Turmix ist aus dem Französischen «tourner» und «mixer» zusammengesetzt. Die Messer für die Mixer wurden sogar vom Betrieb der Montilier Watch hergestellt.

Turmix war bis 1952 in Muntelier ansässig, dann fasste die Firma in Küsnacht den ganzen Betrieb unter einem Dach zusammen. Bekannt wurde Turmix durch alle möglichen Haushaltsgeräte; 1986 entwickelte die Firma die erste Maschine für Nespresso-Kapseln.

Edgar Bula sind vor allem die Kriegsjahre präsent, als seine Mutter Lotti bei Turmix arbeitete. Während des Krieges hätte Turmix in Muntelier Gasmasken für die Schweizer Armee gerüstet. «Sie mussten die Gasmasken montieren, eine Riesenmenge», so Bula. «Die Masken hatten schwarzes Gummi, einen langen Schlauch, und vorne einen Sack mit Filter dran. Noch als ich 1957 die RS machte, verwendeten wir diese Gasmasken.»

Traugott Oertli war Direktor, und auch dessen taubstummer Bruder Theodor arbeitete in der Turmix. Beim Wegzug der Firma half Traugott Oertli seinem Bruder, in der Saia Arbeit zu finden. Theodor Oertli lebte bis zu seinem Tod in Muntelier. Legendär geblieben ist seine riesige Modelleisenbahn.

Die Schirmgestelle der Rasta

Auch die Rastawerk AG belegte mit einem Teil der Produktion Räumlichkeiten der ehemaligen Muntelierer Uhrenfabrik. Gegründet 1945, spezialisierte sich Rasta erst auf Heizkörper. Der frühere Angestellte Jean Veyre erinnert sich, dass ein gebürtiger Russe mit Namen Malamoud in Murten eine kleine Bude von Fritz Friolet übernommen hatte. Dann kam dieser Teil in Besitz der Rasta, die aber vorerst keinen Platz für Malamouds Abteilung hatte. So wurden unter dem Namen Rasta in den Jahren 1946 und 1947 Gestelle für Regenschirme im hinteren Teil der Muntelierer Uhrenfabrik hergestellt. Im Juni 1947 kamen die beiden Produktionszweige der Rasta im Bereich Champ Olivier unter ein Dach: im Erdgeschoss die Radiatoren und im oberen Stock die Schirmgestelle. Erst ab 1957 produzierte die Rasta Schrupp- und Trennscheiben, für die das Unternehmen bekannt wurde.

Ebenfalls eine eigenständige Firma war die Schalenfabrik Aellen. Willy Aellen hatte zuvor bei der Montilier Watch als Nieter gearbeitet, sich dann selbständig gemacht, Räume im Fabrikgebäude gemietet und unter eigenem Namen Uhrenschalen hergestellt, erinnert sich Aimé Fehr, der damals bei Timor Watch angestellt war.

Ebenfalls wurden in der Fabrik unter dem Namen «Alduc» Zifferblätter hergestellt. Alduc übernahm das alte Timor-Atelier, nachdem Timor das neue Fabrikgebäude vis-à-vis an der Fabrikstrasse gebaut hatte. Eine weitere Firma namens Sautebin war im vorderen Fabrikteil untergebracht, so Fehr. Dort, im oberen Stock, richtete Sautebin einen Betrieb fürs Galvanisieren ein, inklusive den dazu notwendigern Bädern. Direktoren-Tochter Jacqueline Jaggi sagt, Montilier Watch habe eine Régleuse gesucht, und Frau Sautebin sei eine gute Régleuse gewesen. Damit diese in die Region zog, schlug man vor, ihrem Mann die Nickelage abzutreten. So konnte man die Frau an die Firma binden.

Edi Hans war als Sohn des Portiers Pierre Hans in der Uhrenfabrik Muntelier aufgewachsen. Er machte sich später als «Velomensch» einen Namen. Hans stellte in Muntelier das internationale Radquerfeldein-Rennen auf die Beine, dessen Parcours früher rund um die Uhrenfabrik geführt hatte, und er leitete auch eine Mannschaft an der Tour de Suisse, erinnert sich Erwin Fasnacht, ein Freund der Familie Hans.

Zusammen mit dem Mechaniker Mukkenfuss, einem «Zürcher Laferi», so Erwin Fasnacht, stellte Edi Hans in einem Kellerraum auf der seeseitigen Fabrikseite Rennvelos der Marke «Paloma» sowie Veloanhänger her. Hans hatte das Kaufmännische gelernt und war zudem selbst Rennfahrer, Mukkenfuss brachte das Technische mit, und trotzdem ging der Betrieb nach kurzer Zeit ein. «Sie hatten sich ihre kleine Velofabrik in der dunkelsten und schlechtesten Zeit aufgebaut», sagt Fasnacht. «Damals kamen nämlich gerade die Vespa-Roller auf, und das war der Tod für die Rennproduktion, obwohl das Paloma-Velo eigentlich gut gewesen wäre.»

Mit Velos und Anhängern bei Ausstellungen in der ganzen Schweiz dabei: Edi Hans aus der Uhrenfabrik (l.).

Paket-Scanner und Profi-Kameras

Walter Leemann, ein früherer Angestellter der Saia, kaufte das Muntelierer Fabrikgebäude dem Uhrenindustriellen Jacques Bernheim ab, als dessen Firma Timor die Produktion ganz in das neue Gebäude östlich der Fabrikstrasse verlegte. Walter Leemann und seine Frau Hedy hatten die Murtensee-Region ein Jahr Richtung Schaffhausen verlassen; sie schlossen Bekanntschaft mit Carl «Charly» Koch, welcher in seiner Firma Sinar Fotoapparate für Berufsfotografen herstellte. «Koch sagte mir, eine Sekretärin wie mich sollte er haben, und für Sinar brauche er noch einen Fabrikanten. Es laufe nicht so richtig», erinnert sich Hedy Leemann. «Mein Mann sprang sofort auf. Er war so: Wenn ein Stein am Boden lag, musste er ihn sofort aufheben und bearbeiten.»

Hedy Leemann meldete ihre Skepsis an: «Ich sagte ihm, er sei doch kein Geschäftsmann. Er aber sagte bloss, die Fabrikation werde in Muntelier stattfinden, und da war ich dabei.»

Die gebürtigen Zürcher liessen sich in der ehemaligen Uhrenfabrik nieder und starteten den Betrieb mit 20 Angestellten, die zuvor in der Saia gearbeitet hatten, so Leemann.

«Wir mussten nicht eine Fabrik neu aufbauen, nur fabrizieren. Es war alles gemacht; Koch hat die Fabrik von Schaffhausen aus gesteuert. Es war seine Fabrik.»

Man habe die Kameras montiert, zum Teil auch Bestandteile selber gemacht. Hedy Leemann selber kümmerte sich um Sekretariat, Spedition und Buchhaltung.

Nebst den eigentlichen Fotoapparaten wollte Leemann auch die schwenkbaren optischen Lesegeräte mit Mikrofilmkameras für die Paketpost der PTT in Muntelier montieren. Gemäss dem früherem Angestellten Werner Benninger habe Leemann dies nie realisieren können, dabei aber das Kerngeschäft vernachlässigt.

Rund 16 Jahre lang fabrizierte die Firma Sinar unter der Leitung Leemanns in Muntelier. «Dann nahm uns Charly Koch die Fabrikation weg. Wir hatten keine Arbeit mehr, und alles ging obenand», so Hedy Leemann. Sogar die Ehe ging darob zu Bruch.

Mit Feintool-Know-how die Fribosa aufgebaut

Letzter Nutzer der Muntelierer Uhrenfabrik war der Werkzeughersteller Fribosa. Der Zürcher Unternehmer Fritz Bösch hatte zunächst die Firma Hügi+Bösch für Stanzteile aufgebaut. Nach dem Ausstieg seines Partners siedelte Bösch die Firma in Lyss an und nannte sie fortan Feintool. «Ursprünglich haben wir fast nur für Büromaschinen gearbeitet und uns ab Mitte der 60er-Jahre auch mit Autoteilen befasst», erklärt Fritz Bösch. «Das Feinstanzwerkzeug steht aber im Zentrum, und weil wir zuwenig Kapazität hatten, mussten wir rund 50 Prozent auswärts vergeben. Die Werkzeuge wurden immer grösser, und dafür war der Bau in Lyss nicht geeignet. So kam bei uns die Idee auf, eine zweite Firma für Werkzeuge zu gründen, statt die Aufträge und damit auch Know-how ausser Haus zu geben», so Bösch. «Aus diesem Gedanken heraus entstand die unabhängige Firma Fribosa für Werkzeugbau». Fribosa – die Kurzform für Fritz Bösch SA.

Bösch hatte erfahren, dass in der Muntelierer Uhrenfabrik Platz frei war, so dass sich die 1969 gegründete Fribosa dort einmietete. Fritz Bösch hat im Herbst 1972 Urs Ryser als Geschäftsführer für die Fribosa in Muntelier verpflichtet. Später machte er Ryser ein Angebot in Form eines Management-Buy-out «zu einem Preis, bei dem er sich weiter entwickeln konnte», so Bösch.

Urs Ryser präzisiert, dass sich die Fribosa ab 1971 in einem kleinen Teil des Gebäudes beim damaligen Besitzer Walter Leemann einrichtete. Die Produktion startete 1972, und bis 1976 habe sich die Fribosa fast im ganzen Gebäude ausgebreitet. «Man sprach vom Fribosa-Dörfli. Wir hatten die halbe

Rasta-Belegschaft übernommen, als die einging», so Ryser. Beim Einzug in die Muntelierer Fabrik habe die Fribosa alles ausgeräumt, auch die alten Transmissionen abmontiert. Vieles sei aber schon vorher gestohlen worden.

Urs Ryser merkte bald, dass die Räume für die Fribosa nicht ideal waren: «Es regnete überall rein; die Fenster waren in einem hundslausigen Zustand.» Dazu kam, dass die Fribosa auf den Betrieb einer Stanzerei verzichtete, weil es aus dem Dorf Klagen und Einsprachen gegen den damit verbundenen Schichtbetrieb gegeben habe. Ein Umbau kam für Ryser nicht in Frage.

Gleichzeitig liess die Kantonalbank den Gebäudebesitzer Leemann in Konkurs gehen; Ryser kaufte aus dem Büro noch den Konferenztisch von Leemann, der Abbruch des alten Fabrikgebäudes bahnte sich an.

Erst hatte die Fribosa an einen Neubau im Bereich der heutigen Dorfmatte gedacht, doch, so Ryser, «wäre dies schade gewesen, so nahe am See». Die Fribosa baute deshalb im Murtner Maritzafeld. Feintool konnte Fribosa immer genügend Arbeit geben, und Urs Ryser schaute in Murten für die Interessen von Feintool. Da die Lysser Firma nach Japan und in die USA expandierte, konnte auch die Fribosa für diese Märkte liefern. Das Gebäude der alten Muntelierer Uhrenfabrik hingegen verschwand innert kurzer Zeit unter den Schaufeln und Raupen der Abbruchmaschinen.

Herren-Armbanduhren mit kleiner Sekunde, 1940er-Jahre.

Neue Blütezeit mit Timor

DER UHRENHERSTELLER TIMOR LIESS SICH IN DER MONTILIER-FABRIK NIEDER – ER BRACHTE WILLKOMMENE MIETEINNAHMEN UND ERSETZTE DANN MONTILIER WATCH

11

Feine, kleine Armbanduhr für Herren, Gold 18 Karat. Versilbertes Zifferblatt mit polierten und vergoldeten Indizes sowie Zeiger, kleine Sekunde. Vernickeltes Ankerwerk, 1950er-Jahre.

Der Rabbiner war zugegen, seine Familie und die Presse, als Jacques Bernheim 1999 in seinem Heim in La Chaux-de-Fonds den 105. Geburtstag feiern konnte. Er fühle sich wie ein Mann von 105 Jahren sich eben fühle, erklärte Bernheim. Er war damals der älteste noch lebende Neuenburger, der Doyen des Kantons, wohl von den Gebrechen des Alters geschwächt, so dass er die kantonalen Würdenträger nicht auch noch empfangen mochte, aber mit Rückblick auf ein erfülltes Leben, wie er sagte, «mit seiner Seele im Reinen».

Jacques Bernheim war in Mülhausen geboren, heimatberechtigt in Basel, und in seiner Wahlheimat La Chaux-de-Fonds bekannt als Präsident der jüdischen Gemeinschaft sowie als Direktor der Uhrenfabrik Timor Watch.

Zu Bernheims grossem Bekanntenkreis zählte auch Charles Christen, Direktor der Montilier Watch, ebenfalls ursprünglich aus La Chaux-de-Fonds stammend. Montilier Watch war unter Christen dazu übergegangen, Uhren-Bestandteile in Ebauches-Fabriken einzukaufen. Aus der Zeit, als in Muntelier noch sämtliche Uhrenteile selber gemacht worden waren, blieben nun grosse Produktionsflächen ungenutzt, und Christen war froh, wenn er Räumlichkeiten seiner Fabrik weitervermieten konnte. Auf diese Art generierte er zusätzliches Einkommen für die Montilier Watch.

Direktor Bernheim (stehend mit Tochter und Schwiegersohn) brachte die Timor nach Muntelier.

So ergaben Christens Kontakte mit Bernheim, dass die florierende Timor eine Filiale im Obergeschoss des Westflügels der Montilier-Fabrik ins Auge fasste. «Bernheim war ein cleverer Patron und ein feiner Mensch», so Christens Tochter Jacqueline Jaggi. «Timor hat ihre Fabrikationsanlagen selber aus La Chaux-de-Fonds mitgenommen. Als Konkurrenz im selben Fabrikgebäude hat mein Vater die Timor nie erachtet. Die beiden Firmen machten qualitativ nicht dieselben Uhren. Timor produzierte im einfacheren Segment.»

Erst Aktivdienst leisten, dann den Standort Muntelier aufbauen

Doch bevor es soweit war und in Muntelier zwei Uhrenfirmen in derselben Fabrik produzieren konnten, trat noch einmal eine Verzögerung ein. «Direktor Bernheim wollte seine Filiale in Muntelier 1939 eröffnen», weiss Olive Fehr, welche ab 1946 bei Timor arbeitete. «Er konnte dies damals aber nicht tun, weil der Krieg ausbrach.»

Tatsächlich war Bernheim ein überzeugter Patriot und Offizier der Schweizer Armee. Er diente 1875 Tage unter der Schweizer Flagge, darunter in beiden Weltkriegen. Im Ersten Weltkrieg beobachtete Bernheim von seinem Überwachungsposten des Grenzbataillons 21 in Boncourt das Kriegsgeschehen jenseits der Grenze. «Die unglücklichen Franzosen mussten ihren Schützengraben einer nach dem anderen verlassen», sagte Bernheim in einem Interview. «Da wurden sie von den Deutschen einfach niedergeschossen.»

Im Zweiten Weltkrieg wurde die Kompanie von Hauptmann Bernheim an die Brücke von Goule berufen. Jeeps der deutschen Wehrmacht waren im Grenzgebiet aufgefahren und ein deutscher General stieg jenseits der Grenze aus. Bernheim: «Ich trat alleine auf die Brücke, mein Herz schlug wie wild. Der General kam auf mich zu. Er präsentierte sich mit seinem militärischen Grad und ich mich mit meinem. Als er mir die Hand ausstreckte, machte ich rechtsum kehrt und liess ihn verblüfft und alleine auf der Brücke zurück.»

Nicht nur in Muntelier, sondern auch in La Chaux-de-Fonds musste Jacques Bernheim Prioritäten zwischen Dienst am Vaterland und Geschäftlichem setzen: «Zum Zeitpunkt der Mobilmachung rief mich mein Geschäftskontakt in London an. Die britische Armee bestellte eine riesige Menge an Uhren zur Auszeichnung verdienter Soldaten. Aber ich war Hauptmann und hatte 250 Mann zu führen. Ich konnte nicht beides gleichzeitig tun und entschied mich, die Uhren nicht zu produzieren, sondern meine militärische Pflicht zu erfüllen. Meine Frau und mein Produktionschef haben aber den Entscheid getroffen, sich darum zu kümmern. So haben wir 250 000 Uhren für die Engländer produziert.»

Mit diesen Erfahrungen und Kontakten wurden Bernheim und seine Firma Timor zum Hoffnungsträger für die Uhrenindustrie in Muntelier. «Timor war der Rettungsanker für Montilier Watch», sagt Aimé Fehr, Lohnbuchhalter. «Ohne Timor wäre Montilier früher schon zugegangen.»

Tatsächlich schaffte die neue Uhrenfabrik Timor gleich nach dem Zweiten Weltkrieg eine ganze Reihe neuer Arbeitsplätze. 1946 hat etwa Giovannina Stöckli bei Timor angefangen. Sie blickt zurück: «Meine Schwägerin hatte bei Montilier Watch gearbeitet, und sie sagte mir: ‹Melde Dich bei Timor! Die suchen Personal›. Ich habe am ersten Arbeitstag nur Schräubchen gezählt. Dafür bekam ich 1.20 Franken die Stunde.»

Die Timor begann die Produktion im alten Gebäude der Montilier Watch.

Giovannina Stöckli ist im Tessin aufgewachsen und ging mit 14 Jahren nach Basel, um Deutsch zu lernen. Mit 21 verliess sie das Tessin definitiv. «Ich musste Geld verdienen gehen, damit es zuhause Platz für andere hatte. Meine Mutter hatte es arrangiert, dass ich zu Dr. Müller nach Muntelier in den Hausdienst kam.» So stieg sie 1944 aus dem Zug am kleinen Bahnhöfli aus, einen Koffer in der Hand. «Hier bleibe ich nicht, ich will zurück ins Onsernone-Tal», waren ihre ersten Empfindungen.

Von der Uhrenfabrik bekam die junge Haushälterin nicht viel mit, sie hatte bei Dr. Müller keine freien Tage. «Nicht mal zum Martinsmarkt durfte ich, wo man damals noch z Tanz ging. Dennoch vergingen kaum zwei Jahre, bis die Tessinerin in Muntelier verheiratet war. Auf dem kleinen Betrieb ihres Mannes Bäuerin zu sein, dazu hatte sie aber keine Lust. Deshalb kam ihr der Ruf der neuen Uhrenfirma gerade recht. Giovannina Stöckli wurde bei Timor angelernt. Man habe ihr gezeigt, wie sie Zahnrädlein einsetzen musste, Schräubchen zuordnen, Plättchen einfügen. Lupe und Pincette waren ihre wichtigsten Arbeitsinstrumente. Sie arbeitete in der Finissage, zuletzt war sie auch für die Kontrolle der Arbeit anderer zuständig.

Arbeitskleidung sei eine weisse Schürze gewesen, berichtet Stöckli. Den Arbeitsplatz hat man ausserhalb der Arbeitszeiten mit einem Tuch zugedeckt und so gegen Staub geschützt. «Man sollte nicht sprechen während der Arbeit», erinnert sie sich. «Nicht dass Speicheltropfen auf die Uhrenplättchen spritzten. Es war unter dem Dach manchmal sehr heiss, aber lüften konnten wir nicht wegen den leichten Uhrenteilchen.» Atelier-Chef Arthur Mohler habe die Fräuleins jeweils gemahnt: «Il ne faut pas blaguer, il faut travailler!»

Der Tagesablauf war immer gleich, so Stöckli: «Um 2 Minuten vor 7 mussten wir einstempeln, die Schürze bereits angezogen, keine Minute später, sonst wurde eine Viertelstunde abgezogen. Dann das Tuch über dem Arbeitsplatz weg, und der Arbeitstag begann.» Die Fabrikarbeiterin schätzte ihre Arbeit. Stöckli war mit anderen jungen Fräuleins in einem Atelier, und sie hat noch Fotos davon, wie sie zu Beginn der Uhrmacherferien im Juli ins «Bädli» in Murten gemeinsam etwas trinken gingen.

Giovannina Stöckli arbeitete bis März 1952 bei Timor, als sie «in guter Hoffnung» war. Acht Tage vor der Entbindung habe sie noch gearbeitet. Den Arbeitsplatz in der Fabrik habe sie gleich ihrer Schwester übergeben, welche später zu Tissot nach Genf wechselte.

Von Bausteinen zu Zahnrädchen

Auch Max Fasnacht war froh, dass mit Timor ein neuer Arbeitgeber Personal suchte. Als gelernter Maurer war er mit 30 Jahren im Begriff, selbständig zu werden. Er habe Gerüststangen gekauft, Bauläden und erste Aufträge erhalten. «Ich war gerade an einem Ausbau bei Ruedi Schneiter, da ist mir

Ein florierendes Unternehmen mit modernen Räumlichkeiten.

plötzlich schwindlig geworden», erklärte Max Fasnacht kurz vor seinem Tod 2008. «Ich ging heim, sagte meiner Frau, ich könnte nicht mehr. Ich hatte eine Hirnhautentzündung.»

Fasnacht ging nach Montana anderthalb Jahre kuren. Er hatte weitere gesundheitliche Probleme, eine Brustfellentzündung, Nabelfistel mit einer starken Vereiterung, und als er wieder heim konnte, so Fasnacht, wog er nicht mehr 80 Kilo wie früher, sondern nur noch 38: «Ich hatte keine Kraft mehr, um als Maurer zu arbeiten.»

Zurück in Muntelier konnte Max Fasnacht beim Pierristen Helfer in der Produktion von Uhrensteinen aushelfen. «Sie sagten mir, dass sie mich nicht wie einen gelernten Arbeiter bezahlen können, man suche aber in der Uhrenfabrik einen Einschaler. Dort musste ich Kronen auf Länge schneiden, um sie in die Schale zu setzen. Das lief mir recht gut. Ich hatte noch etwas Schulden bei meinen Eltern, und so fragte ich den damaligen Patron Bernheim, ob ich nicht im Akkord arbeiten könne. Er sagte, ich solle zur Timor kommen.»

Das erste Gebäude der Region, das mit Trax gebaut wurde.

Man erkannte, dass Max Fasnacht etwas konnte, und er wurde bei der Timor gleich Vorgesetzter der alten Muntelierer, die noch bei der Montilier Watch gearbeitet hatten und von Timor übernommen wurden. «Es hatte alte Uhrmacher darunter, einer war schon 80-jährig», sagte Fasnacht.

Doch Max Fasnacht blieb nicht lange bei Timor. Er bildete sich weiter, bis er ein Inserat im «Bieler Tagblatt» entdeckte und bei «Milus» in Biel eine neue Stelle fand. Mit «ordentlich mehr Lohn».

Die Timor florierte in Muntelier offensichtlich. Die Firma produzierte Uhren im mittleren und unteren Segment und lieferte nach Spanien und nach England. Während Montilier noch bis zum Schluss einzelne Teile für die Uhren selber herstellte, kaufte Timor die Uhrenteile ein, und machte daraus Fertiguhren. Das Ende der Montilier sei keine wirtschaftliche Tragödie gewesen, so der spätere Atelierchef von Timor, André Stöckli. Auswärtige Arbeiter der Montilier waren in ihre Heimat zurückgekehrt, andere konnten bei Timor weiterarbeiten.

In dieser Übergangsphase Mitte der 50er-Jahre schien auch die betriebliche Trennung zwischen Montilier und Timor sich aufzulösen. André Stöckli konnte als Schüler 1952 beim Jubiläum der Montilier Watch an einem «Tag der offenen Tür» einen Eindruck vom Betrieb in der Uhrenfabrik gewinnen, doch zwei Jahre später begann er seine Lehre bereits im neuen Produktionsgebäude der Timor, auf der anderen Seite der Fabrikstrasse, da wo sich nun das Hotel «Seepark» befindet.

«Jacques Bernheim hat die in Konkurs gegangene Montilier Watch übernommen und in den Betrieb der Timor integriert. Sowohl im alten wie im neuen Fabrikgebäude wurde unter dem Namen Timor gearbeitet», erklärt Stöckli.

Aimé Fehr kam 1957 in die Uhrenfabrik Muntelier, und dabei habe es sowohl die Namen «Timor» als auch «Montilier» noch gegeben. «Montilier hatte aus der Zeit der Taschenuhr-Herstellung bis nach Amerika einen guten Namen», so Fehr. «Und diese Marke pflegte man bei Timor weiterhin.»

Fehr sagt, er habe seinen Lohn jeweils von der Timor in La Chaux-de-Fonds erhalten, aber sein Abschlusszeugnis war mit einem Briefkopf von Montilier Watch versehen. «In der Lohnbuchhaltung machte ich die Saläre für die Arbeiter», blickt Aimé Fehr zurück. «Es lief immer noch alles nach dem alten System, wie in Muntelier üblich: Den Lohn holte ich auf der Bank ab und zahlte ihn bar aus.»

Die Abrechnung erstellte Fehr auf einer alten Hermes-Schreibmaschine mit breitem Wagen, in die er für Kopien Kohlepapier zwischen die Walzen spannte. «Wir hatten ein Journal, und für jeden Arbeiter gab es einen Streifen mit der Abrechnung, den man abreissen und auf das Lohncouvert kleben konnte.»

Basis war eine Stempelkarte, die Fehr am Samstagabend neu zu den Nummern in einem dafür vorgesehenen Regal bereitstellen musste. Bezahlt wurde weiterhin alle zwei Wochen nach Stundenlohn. «Es gab aber auch die Monatslöhner», so Fehr. «Die mussten nicht ein- und ausstempeln und wurden direkt von der Hauptbuchhaltung der Timor in La Chaux-de-Fonds bezahlt.»

Neues Timor-Gebäude sorgte für Aufsehen

Rita Pietroboni Fehr erlebte den Übergang so: «Als die Firma Montilier Watch verschwand und durch die Timor abgelöst wurde, geschah dies fast ohne Vorzeichen. Der Betrieb ging mehr oder weniger weiter wie zuvor, alle wurden weiter beschäftigt. Es gab keine Panik. Es war zwar ein Firmenwechsel, aber eigentlich gab es mit Bernheim bloss einen neuen Direktor. Ich habe dies entsprechend locker genommen.»

Arthur Mohler hatte seinen ersten Arbeitstag als Uhrmacher bei der Timor 1946. Zuvor hatte er bei Oris Watch für einen Stundenlohn von 2.20 Franken gearbeitet, in Muntelier offerierte man ihm 2.50 Franken. Doch bereits seinen ersten Lohn zahlte man ihm als Monatslohn aus: 600 Franken.

Mohler begann in einer Firma, die voll im Aufschwung war. Direktor Bernheim habe sein Personal über Anzeigen gesucht, und seine Abteilungschefs hätten junge Mädchen auf den Kartoffelfeldern gesucht. «La pire des cloches serait une perle», sagt Mohler – frei übersetzt: Auch ohne Ausbildung konnte man sie in der Fabrik gut gebrauchen.

Symbol dieser neuen Blütezeit der Muntelierer Uhrenindustrie war der Bezug des neuen Timor-Gebäudes gegenüber dem Eingangstor der alten Fabrik. Im alten Fabrikgebäude hatte unter dem Dach im Sommer jeweils eine enorme Hitze geherrscht, so dass die neue Fabrik im Vergleich dazu bedeutend angenehmere Arbeitsbedingungen bot. Das neue Timor-Gebäude sorgte auch deshalb für Aufsehen, weil es das erste Gebäude in der Region war, zu dessen Bau ein richtiger Trax eingesetzt wurde.

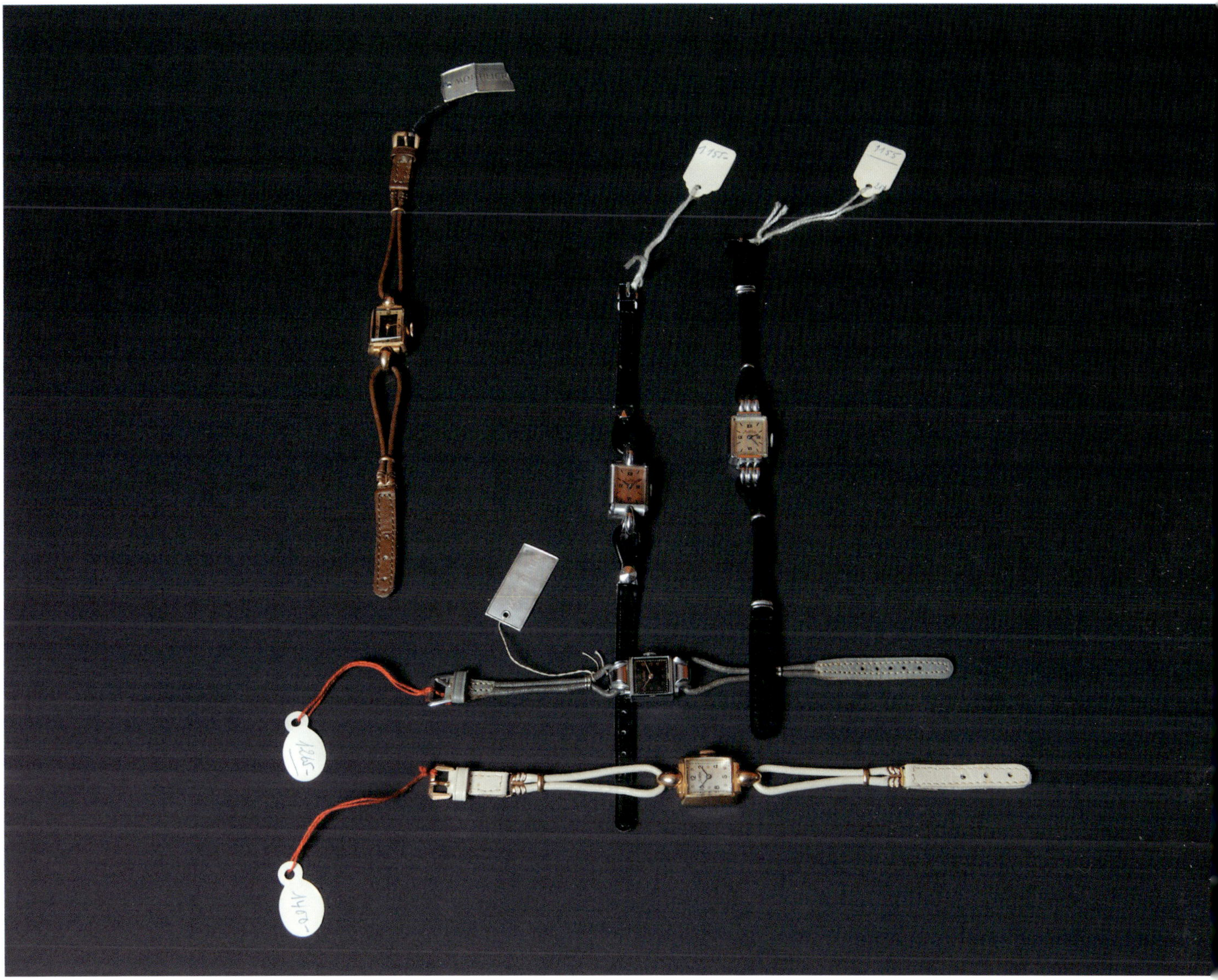

Ungetragen mit originalen belgischen Preisschildern und wie neu:
kleine Damenuhren, verchromt und vergoldet mit originalen Lederarmbändern,
1940er-Jahre. Aus Ladenhütern einer aufgelösten Bijouterie wurden wertvolle
Sammlerstücke für Montilier-Liebhaber.

12

Vom Direktor zum Sträfling

UNTER DIREKTOR ERNEST MICHELIN GING ES
MIT DER TIMOR WATCH ABWÄRTS: BRAND, KONKURS, BELLECHASSE

Elegante Frackuhr, Goldplaqué, Art déco. Champagnerfarbenes Zifferblatt mit vergoldeten Indizes und Zeiger, vergoldetes Werk, gemarkt FMF, um 1925.

Der Betrieb in der neuen Timor-Fabrik lief glänzend, Produktion und Verkauf erfüllten Direktor Jacques Bernheim mit Zufriedenheit, der Patron lud seine gesamte Belegschaft zu einem Firmenausflug ein.

Bernheim näherte sich dem Pensionsalter, er hatte nur eine Tochter, da stellte er auf diesem Ausflug Ernest Michelin als neuen Direktor der Timor Muntelier vor. «Bernheim hatte volles Vertrauen in Michelin. Er war so etwas wie sein Dauphin», sagt die damalige Sekretärin Olive Fehr.

Kleine Tisch- oder Bürouhr, Achttage-Werk. Um 1925.

Bei den Angestellten konnte Michelin nicht lange auf dasselbe Vertrauen zählen wie bei seinem Patron Bernheim. «Michelin war ein intelligenter Mann», erzählte Max Fasnacht. «Aber er war nie da, er hat nicht zur Arbeit geschaut. Michelin hatte zwei Schiffe und er ging jeweils mit Frauen auf den See. Er weiberte nur noch; ich spürte, dass es nicht mehr geht.» Max Fasnacht zog die Konsequenzen und kündigte, insgesamt vier Mal, wie er sagte.

Für Olive Fehr war Direktor Michelin ein Lebemann. Sie hatte einen privilegierten Zugang zur Familie Michelin. «Eigentlich ging alles sehr gut, er war auch immer nett. Einmal kam er zu mir, sagte, Frau Michelin habe viele Verpflichtungen, ‹noblesse oblige›, er brauche jemanden für den Haushalt», so Fehr. Sie habe sich 14 Tage um die Kinder Michelins gekümmert, da sei er abends einmal heimgekommen und habe sie gefragt, ob sie nicht gleich ganz dort wohnen wolle. So blieb Olive Fehr ein Jahr im Haushalt Michelins, jeweils von Montag bis Freitag. Und Michelins Frau übernahm das Sekretariat in der Fabrik.

«Einmal kam Frau Michelin heim und sagte, ich solle das Büro wieder übernehmen», so Olive Fehr. «Da ging es auseinander mit ihnen, und Frau Michelin kehrte zurück nach La Chaux-de-Fonds.»

Ein Lied gesummt – entlassen

Olive Fehrs Schwester, Rita Pietroboni-Fehr, arbeitete knapp vier Jahre in der Muntelierer Uhrenfabrik. Zuvor war sie bei einer Architektenfamilie angestellt gewesen, arbeitete in Genf und Bern, dann in Neuenburg in einem Tea-Room und kam schliesslich zurück nach Muntelier. «Ich hatte keine Ahnung von Uhren, man hat es einfach gelernt. Aber der Verdienst war verlockend», sagt Pietroboni. Sie arbeitete an der Maschine «Vibrograph», mit der sie die zusammengesetzten Uhren auf Genauigkeit kontrollierte. Uhren, welche beim Vibrograph rausfielen, wurden von Uhrmachern repariert.

In der kurzen Zeit in der Fabrik arbeitete Pietroboni erst in der Montilier Watch unter den Direktoren Christen und Grünig, dann bei Bernheim in der Timor. Als der neue Direktor Ernest Michelin die Timor übernahm, fragte er auch sie an, jeweils nach der Arbeit auf die damals noch kleinen Söhne Pierre-Yves und Claude-Eric aufzupassen. Michelin führte sie nach dem Babysitten nachts nach Hause, und am Morgen stand die junge Frau wieder in der Fabrik. Sie habe an ihre Eltern gedacht und wollte zuhause etwas abgeben. Aber mit der Zeit wurde die Arbeitsbelastung zu viel. Rita Pietroboni musste sechs Monate auf Kur.

In dieser Zeit hätte sie eine Stelle im kanadischen Toronto gefunden, aber ein Arzt, ein Freund des Herrn Michelin, habe ihr davon abgeraten, so Pietroboni: «Ich warte immer noch darauf, in Toronto anzufangen.»

In ihrer kurzen Zeit bei Ernest Michelin bemerkte Pietroboni, wie sich der Timor-Direktor veränderte: «Als Person wurde er anders. Er hatte oft schlechte Laune, vermutlich weil es geschäftlich nicht mehr so gut ging. Er hatte halt auch nicht mehr solch gute Beziehungen unter den Juden wie zuvor Bernheim.»

Es sei eine Missstimmung zwischen Michelin und den Angestellten entstanden, die schliesslich zu weit geführt habe. «Auf einmal hat es geheissen, man dürfe nicht mehr singen bei der Arbeit. Ich hatte dies aber nicht mitbekommen, und als ich einmal ein Liedchen summte, da hiess es: ‹Fräulein Fehr: ins Büro!›. Michelin fuhr mich an, ich sei entlassen, ich solle innert zehn Minuten die Fabrik verlassen.» Wohl holte der Direktor sie bald wieder zurück, aber da habe er das grosse Leben mit dem vielen Geld erst so richtig angefangen. Rita Pietroboni meint: «Vielleicht wollte Michelin gegen aussen auch so erfolgreich auftreten wie vorher Bernheim.»

Bei der Gemeinde um Steuererlass gebettelt

André Stöckli schätzte durchaus gewisse Qualitäten seines Chefs: «Michelin war Bernheims Direktor und ist von La Chaux-de-Fonds nach Muntelier gekommen. Früher hatte er sogar als Kaufmann in einer Chemiebude in Afrika gearbeitet. Michelin war ein Bürogummi, der sich hochgearbeitet hatte, und er war stark auf seinem Gebiet.» Während anfänglich noch die gesamte Verwaltung inklusive Auslieferungen über den Timor-Hauptsitz in La Chaux-de-Fonds gelaufen sei, so habe dann Michelin begonnen, von Muntelier aus Kunden zu beliefern, so Stöckli.

«Wir merkten in der Produktion nicht, dass es mit der Timor zugrunde ging», so Stöckli. «Wir hatten damals viel Büez, wir waren im neuen Betriebsgebäude, und wir hatten wahnsinnig gute Kunden. Michelin war eigentlich

Savonnette, Goldplaqué, um 1930. Vergoldetes Ankerwerk, bezeichnet FMF.

tüchtig, aber er wurde wohl irgendwie überrannt. Er machte viel Geld mit den Uhren, und er verjubelte alles mit den Weibern. Er war mehr im ‹Vieux-Manoir› oder in der neuen Bar des Hotels ‹Bad›.»

Der Brand vom Juli 1963 brach im vorderen Fabrikteil aus.

Walter Urben war zu jener Zeit Mitglied des Muntelierer Gemeinderates, wo man die Entwicklung der Timor mit Sorge verfolgte. «Michelin kam einmal zu mir und sagte, man müsse mit den Steuern runter. Ich erwiderte: ‹Wir gehen runter, wenn die Timor Steuern bezahlt›. Die zahlten nämlich nie.»

Michelin bekam Urbens Kritik in den falschen Hals. Drei Tage danach habe Urben einen eingeschriebenen Brief bekommen, er solle ins Büro der Uhrenfabrik gehen. Urben ging, nachdem ihm sein Anwalt geraten hatte, gegenüber Michelin nichts mehr zu sagen: «Michelin hatte ein Tonbandgerät dabei, und er tischte mir eine Flasche Schnaps auf. Aber nach 20 Minuten war ich wieder draussen.»

Dann sei einmal bei der Gemeinde eine Anfrage der Kantonalbank gekommen, ob sie der Timor Watch 160 000 Franken Kredit geben könnte. «Hier auf der Gemeinde gab Timor nur rote Zahlen an», so Urben, «aber offiziell waren es immer schwarze Zahlen, und so gewährte halt die Kantonalbank den Kredit.»

Feueralarm mitten in der Nacht

Dann, am 11. Juli 1963, wurde in Muntelier plötzlich Feueralarm ausgelöst. Hans Fasnacht, Vize-Kommandant der Dorffeuerwehr berichtet: «Mein Vater weckte mich. Ich sah von zuhause aus das Feuer und die Glut bei der alten Fabrik. Das Horn war bei mir. Ich bin mit dem Velo durchs Dorf gefahren und habe ‹ghornet wie nes Chalb›.»

Die «Freiburger Nachrichten» schrieben darüber Folgendes: «Um 01.45 Uhr stellten Anwohner im Gebäude der Uhrenfabrik Muntelier einen Brandausbruch fest. Der sofort avisierte Feuerwehrkommandant verlangte unverzüglich die Hilfe des Piketts des städtischen Feuerwehrkorps von Murten, welches bereits um 01.55 Uhr auf dem Platze eintraf. Da das Feuer unterdessen ein sehr grosses Ausmass angenommen hatte, musste das ganze Feuerwehrkorps von Murten durch Grossalarm aufgeboten werden. … Durch den Grossalarm von Murten avisiert, erschienen noch die Feuerwehren von Merlach, Greng und Bellechasse auf dem Brandplatz, die zur Rettung eingesetzt wurden.»

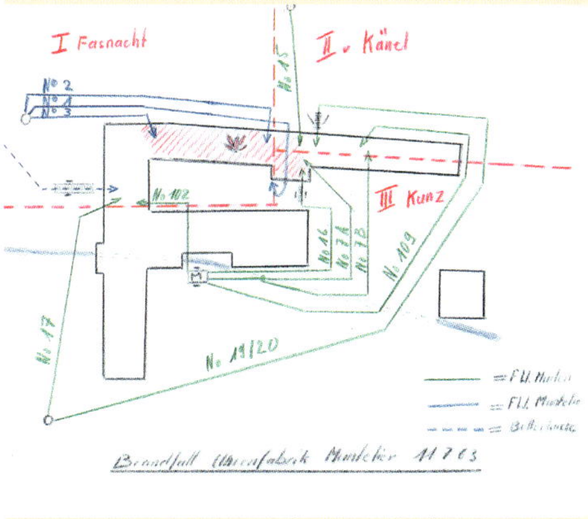

Einsatzskizze des Murtner Feuerwehrkommandanten nach dem Brand der Uhrenfabrik, 11. Juli 1963.

Gemäss der Zeitung «La Liberté» sei das Feuer im alten Fabrikgebäude in den Büros und Garderoben der Timor-Watch Co S.A. ausgebrochen, welche teilweise zerstört wurden und grossen Schaden erlitten. Ein grosser Bestand an Uhren sei durch das Feuer und Wasser unbrauchbar geworden. Benachbarte Lokalitäten in der Fabrik wie jene der Schalenfabrik von Willy Aellen und der elektrischen Fotoapparate Sinar hätten auch beträchtlichen Wasserschaden erlitten. «Der Gesamtschaden übertrifft 250 000 Franken. Kein Arbeiter wird in die Arbeitslosigkeit entlassen, da die Fabrikationsräume nicht betroffen wurden. Durch den Oberamtmann des Seebezirks, den Untersuchungsrichter des Bezirks und die Sicherheitspolizei wurde unverzüglich eine Untersuchung eingeleitet. Die Brandursache bleibt zum jetzigen Zeitpunkt ungeklärt», berichtete die Zeitung.

«Meine Frau nahm das Telefon ab. Frau Girard vom Gässli hatte angerufen, und meine Frau wiederholte am Telefon alles. Ich sass noch auf dem Bett, wusste aber so sofort, was los war», erinnert sich der damalige Munteleirer Feuerwehrkommandant Ernst Fasnacht.

Er habe die Stützpunktfeuerwehr in Murten avisiert, habe Leuchtstäbe hinten aufs Velo geklemmt, unten an der Fabrikstrasse beim Brunnen einen solchen Stab Gaston Fawer gegeben und ihm befohlen, keinen Unbefugten mehr die Fabrikstrasse hinaufzulassen.

«Auf Platz sah ich ein erstes Feuer rechts vom Türmli der alten Fabrik, im unteren und oberen Fenster. Die Böden zwischen den beiden Stockwerken waren alle aus Holz. Jener vordere Teil war in Leichtbauweise gebaut worden; es gab dort nur ein paar Tische, keine schweren Maschinen», sagt Ernst Fasnacht. «Im Hof brannte es auch schon. Es war nicht ein riesiges Feuer, aber es breitete sich sehr schnell aus. Der Feuerwehrmann Plaen am Wenderohr war in kurzen Hosen gekommen, und die Hitze kräuselte ihm das Beinhaar.»

«Ich liess unter dem Türmlein hindurch eine Leitung ziehen, damit sich das Feuer nicht auf den hinteren Teil ausbreitete. Die Brandversicherung hat mir nach dem Brand gesagt, es sei nicht normal, den Schlauch unter einem brennenden Objekt zu ziehen, aber wir haben so den hinteren Trakt gerettet. Die Glocke des Türmleins hatte etwas 50 Zentimeter Durchmesser; sie ist dann tatsächlich durch den Boden hindurch gefallen und am Boden zerschmettert.»

Der Timor-Direktor unter Verdacht

Feuerwehrkommandant Ernst Fasnacht wurde am Tag nach dem Brand und nochmals ein paar Wochen später von der Polizei zum Brand befragt. Er habe aber nicht viel mehr sagen können, als was er gesehen und gemacht hatte. Man habe aber nachverfolgen können, so Fasnacht, dass eine Gruppe um Direktor Michelin in einem Atelier von Walter Leemann, wo noch eine Modelleisenbahn stand, spätabends wohl gefeiert, Karten gespielt und dabei geraucht hätten. Eine Person aus der Gruppe müsse eine brennende Zigarette in einen Papierkorb geworfen haben, welcher später in Brand geriet und sich durch den Boden hindurch ins Erdgeschoss frass.

Olive Fehr hatte ihren Arbeitsplatz damals genau in diesem Untergeschoss. Wie sie sagt, habe sich der Brand gerade in den Uhrmacherferien ereignet. Nach dem Brand sei sie an den Brandort bestellt worden, da man nach Dossiers suchte, doch alle Dokumente seien in diesen Räumlichkeiten verbrannt.

Der Verdacht ist im Dorf schnell einmal auf Ernest Michelin selber gefallen, welcher in der Brandnacht direkt von der Bar im Hotel «Bad» zum Brandort gesprungen sei. Man hörte, dass Michelin noch kurz vor dem Brand Unterlagen in die betroffenen Räume hatte bringen lassen. Auch für Ernst Fasnacht war klar, dass Michelin den bevorstehenden Konkurs vertuschen wollte. Vize-Kommandant Hans Fasnacht erinnert sich, wie er am Tag danach mit einem Beamten der Sicherheitspolizei durch den Brandort stöberte: «Ich fragte den Polizisten: ‹Wissen Sie schon, wie es passiert ist?› Er antwortete: ‹Herr Fasnacht, wir beide wissen wie. Aber man kann es nicht beweisen›.»

Der Schaden wurde auf mehrere Hunderttausend Franken geschätzt.

Gemäss André Stöckli war der Brand im alten Fabrikgebäude so etwas wie der Todesstoss für die Timor. «Es war lusch. Plötzlich war alles im Lager weg. Bevor man Michelin verhaften konnte, war er verschwunden.»

Die Produktion lief nach den Sommerferien weiter. Doch nicht mehr lange. Gemäss Olive Fehr kam es so zum Ende der Uhrenfabrik Timor in Muntelier: «Es war am 30. Oktober 1963, einem Mittwoch. Es läutete an der Tür. Ich öffnete, es waren drei Herren vom Konkursamt La Chaux-de-Fonds. Sie sagten: ‹Sie sind entlassen. Legen Sie alles nieder. Die Firma ist konkurs›.»

«Weil Herr Michelin verschwunden war, wussten wir nicht recht, was machen. Plötzlich war kein Lohn mehr da und niemand, der für uns verantwortlich war», so Olive Fehr. «Es kam dann ein Herr Claude, ein Gewerkschafter. Der wollte schauen, dass die Angestellten noch eine Entschädigung bekamen, dass es noch etwas Geld von der Ausgleichskasse gebe.»

Verhaftung in Belgien

Am 4. November 1963 meldeten die «Freiburger Nachrichten»: «Der Direktor der Timor Watch verhaftet. Seit kurzem war der 39-jährige Paul Ernst Michelin, Direktor der Uhrenfabrik Timor Watch in Muntelier unter Hinterlassung eines grossen Schuldenberges verschwunden. Inzwischen hat die Gesellschaft ihre Bilanz deponiert. Sofort leitete die Polizei eine grosse Fahndung ein. Im Verlaufe des Freitags wurde dann bekannt, dass die belgische Polizei den Gesuchten in einem Hotel in Brüssel festgenommen hat.»

Gemäss «La Liberté» vom Tag darauf hat man Michelin nicht wegen des Brandes, sondern wegen Unterschlagung verhaftet. Die Schweiz hätte an die belgischen Behörden ein Auslieferungsgesuch gestellt.

André Stöckli sagt, Ernest Michelin sei daraufhin zwei Jahre in die Strafanstalt Bellechasse gekommen. «Ich habe ihn ein paar Mal im Bellechasse besucht und ihm Zigaretten gebracht. Alkohol durfte ich nicht mitnehmen. Michelin wollte sich dort das Leben nehmen; man musste ihn damals ins Spital bringen.»

Nach seinem Gefängnisaufenthalt kehrte Ernest Michelin eine Weile nach Muntelier zurück. Fast täglich hat man ihn gesehen, wie er nach Murten ins Gerichtsgebäude ging. Er wollte dabei seine eigene Verteidigung bearbeiten. Hans Fasnacht denkt, dass es dabei um den Brand ging: «Alles lachte darüber, dass Michelin selber recherchieren und den Brand aufklären sollte». Doch viel wahrscheinlicher ist, dass es nochmals um den Vorwurf von Betrug und Urkundenfälschung ging. André Stöckli: «Gerichtspräsident Huwyler musste den Fall abschliessen, doch Michelin war der Einzige, der darüber Bescheid wusste. Und so musste er den Fall für den Gerichtspräsidenten erledigen.»

Offenbar lohnten sich diese Recherchen für Ernest Michelin. Wie sein Sohn Pierre-Yves Michelin sagt, habe man ihn Ende der 60er-Jahre freigesprochen: «gain de cause». Er konnte offenbar glaubhaft machen, dass der finanzielle Schlamassel schon von seinem Vorgänger Bernheim herrührte. Der ehemalige Direktor Michelin zog zurück in den Jura und lebte auch wieder mit seiner Frau zusammen, so sein Sohn. Beide starben später an Krebs.

Millionen-Fabrikant verhaftet

Timor-Direktor war in Brüssel — Haftbefehl lautet auf Betrug

BRÜSSEL — Die Flucht des Schweizer Uhrenfabrikanten Paul-Ernest Michelin (39) aus Muntelier bei Murten ist bereits zu Ende.

In einem Brüsseler Hotel verhaftete die Polizei den gesuchten Direktor der Uhrenfabrik «Timor».

Der Schweizer Haftbefehl lautet auf Betrug.

Michelin hatte seine Fabrik vor zwei Wochen mit einer Unterbilanz von anderthalb Millionen Franken im Stich gelassen. BLICK berichtete darüber.

Michelin hatte sich vom Angestellten dank Kapitaleinlagen zum Direktor der Uhrenfabrik emporgearbeitet.

Schon lange wurde gemunkelt, dass in der Firma etwas nicht stimme.

Aber auch diplomierten Revisoren gelang es nicht, irgendwelche Manipulationen festzustellen.

Am letzten Freitag führte Michelins Diener seinen Herrn nach Basel, wo er angeblich ein Flugzeug nach England besteigen wollte.

Er müsse dort Geld beschaffen, erklärte der Fabrikdirektor seinem Diener — und pumpte ihn um hundert Franken an.

Der Munteliere Fabrikdirektor auf der Flucht – ein gefundenes Fressen für den noch jungen «Blick».

Spitzentechnologie, bis Swatch kam

AM MITTWOCH DER KONKURS, AM MONTAG EIN NEUER PATRON – DIE MUNTELIERER UHRENINDUSTRIE BLÜHTE EIN LETZTES MAL AUF

13

Zwei Chronographen, 1940-/50er-Jahre. Versilberte Zifferblätter mit aufgedruckten Indizes, gebläute Zeiger, rechts mit Radiumfüllung, verchromte Gehäuse. Werke vermutlich zugekauft.

Am Mittwoch, 30. Oktober 1963, war den Angestellten der Timor Watch in Muntelier mitgeteilt worden, ihre Firma sei in Konkurs gegangen. Am 5. November schrieb die Zeitung «La Liberté» dann dies: «Am Samstag haben das Konkursamt des Kreises La Chaux-de-Fonds und Herr Roger Puthod, Uhrenindustrieller in La Chaux-de-Fonds, eine Vereinbarung getroffen, gemäss welcher das gesamte Personal der von Ernest Michelin geführten Firma wieder eingestellt wurde und definitiv seine Arbeit wieder aufgenommen hat.

Herr Puthod wird die Führung der neuen Firma übernehmen. Diese Lösung ist, wie man es vermuten konnte, in Muntelier gut aufgenommen worden, vor allem in Anbetracht der gehegten Befürchtungen, dass dieses Unternehmen verschwinden könnte.»

Roger Puthod übernahm das Atelier in Muntelier, kurz bevor er ins Pensionsalter kam. Als Schüler war er von den Flugpionieren der damaligen Zeit fasziniert gewesen, aber am Sterbebett seiner Mutter musste er versprechen, nicht Pilot zu werden. Stattdessen besuchte er die Uhrmacherschule und widmete davon zwei Jahre den Turmuhren und Pendulen. Ein Onkel seiner Frau sei in Muntelier Fabrikdirektor gewesen, und dieser habe ihm geraten, bei einer Uhrenfabrik in Schaffhausen einzusteigen. Puthod arbeitete sich zum Vizedirektor hoch, betätigte sich in der Forschung und wurde dann Direktor der Uhrmacherschule Genf. Später eröffnete er im Neuenburgischen seine eigene kleine Firma.

Puthod war Technischer Direktor bei Bernheim in La Chaux-de-Fonds gewesen. Zudem war der Montilier-Buchhalter Bandelier der Onkel von Puthods Frau. Olive Fehr, Angestellte bei der Timor, kannte den Retter Roger Puthod von früher: «Puthod hörte die Nachricht vom Konkurs, er rief mich an und kam zu meinen Eltern. Da sagte er, er habe das Personal in Muntelier nie vergessen, und er wolle schauen, uns weiter zu beschäftigen.»

Übers Wochenende die konkursite Timor übernommen: Roger Puthod.

Puthod habe dem Personal einen Termin für Samstag bekannt gegeben. Man solle diejenigen zusammentrommeln, die ihm nützlich sein könnten. Er hatte in der Zwischenzeit bereits nach Arbeit Ausschau gehalten.

Dann ging es schnell, so Olive Fehr: «Wir waren zum abgemachten Zeitpunkt im Réféctoire oben, und Puthod bestimmte, die und die könne er brauchen – allerdings nicht alle. Am Montag konnten wir mit der Arbeit beginnen. Wir waren vielleicht zehn oder 15, und der neue Patron kam mit Arbeit. Es ging schnell wieder ‹obsi›, er hat immer mehr Leute in die neue Firma Puthod bestellt.»

Puthods Sohn Serge, später Gemeinderat in Muntelier, übernahm für seinen Vater die Direktion. Wie er sagt, sei die grösste Herausforderung zu Beginn gewesen, den Betrieb zu mechanisieren und Kunden zu finden.

André Stöckli war gerade im Militärdienst, als Timor die Pforten schloss. Er habe nach Hause telefoniert, da habe man ihm gesagt, die Bude sei unter Schloss und Riegel. «Aber als ich vom Dienst zurückkam, konnte ich bereits wieder unter neuer Leitung arbeiten.»

Im Gegensatz zu den Vorgängerinnen Montilier Watch und Timor setzte die neue Firma Puthod nicht mehr komplette Uhren, sondern nur noch Uhrwerke zusammen und verkaufte diese an bekannte Uhrmarken – man nennt dies Terminage. Insbesondere Rado sei ein wichtiger Auftraggeber gewesen für das neue Muntelierer Atelier.

Elektronischer Impuls, Quarz, Plastik

Doch Roger Puthod behielt seine Firma in Muntelier nicht sehr lange. Stöckli: «Weil die Ebauches SA in Marin so viele Leute suchte, hat Puthod die Bude samt Belegschaft und mit Gewinn verkauft.»

In einem Interview kommentierte Puthod den Verkauf so: «Ich hatte die Firma in Muntelier zusammen mit meinem ältesten Sohn übernommen und dabei Arbeiter aus der Region Murten wieder einstellen können. Die Fabrik hatte ihr Gleichgewicht wieder gefunden und wurde deshalb durch eine bekannte Uhrenfirma übernommen.»

Offiziell ging die Firma von Roger Puthod an «Derby» über, eine von vielen Marken der Ebauches SA. Mitte der 60er-Jahre war eine für die Uhrenproduktion weltweit entscheidende Epoche, weil damals elektronische Uhren aufkamen. Und da war Muntelier unter Führung der Derby plötzlich wieder zuvorderst mit dabei. «Mitte der 60er-Jahre haben wir mit den ersten elektronischen Uhren begonnen. Es war die erste elektronische Uhr mit Unruh, einer Schaltung, die Impulse gab», so Stöckli.

Derby feierte einen Riesenerfolg mit den Uhrentypen Dynotron 1 und 2, mit einem mechanischen und einem elektronischen Teil, mit digitaler Zeitanzeige. «Es war nochmals eine Blütezeit. Wir waren die Ersten mit elektronischen Uhren, und die Produktion lief voll. Ich war Produktionschef. Wir hatten 90 Angestellte und 16 Heimarbeiterinnen für die Bude in Marin. Die Heimarbeiterinnen stellten kleine Bestandteile zusammen», erklärt Stöckli. Die Dynotron-Serie wurde rund 15 Jahre lang hergestellt.

Muntelier blieb auch in den kommenden Jahren an der Spitze der technologischen Entwicklung. Zu Beginn der 70er-Jahre tauchten die ersten Quarz-Uhren auf dem Markt auf, die waren aber so gross, dass man sie in Muntelier noch nicht herstellen wollte. Stattdessen stellte das Atelier in der ehemaligen

Muntelier als High-Tech-Filiale der Ebauches SA Marin.

Timor-Fabrik für Certina, Omega und Longines Uhrwerke her. Der Hit war nun «Swissonic», eine sehr komplizierte und auch teure Stimmgabeluhr.

Offiziell hiess die Produktionsstätte in Muntelier wie folgt: «Derby Swissonic, Atelier Dynotron». So jedenfalls stand es auf dem Briefkopf, als Stöckli zum Fabrikationschef befördert wurde.

Gegen Ende der 70er-Jahre wurden dann auch in Muntelier die ersten Quarz-Uhren produziert, sagt André Stöckli. «Sie waren viel präziser und haben weniger Strom gebraucht.» Die Japaner hatten zu dieser Zeit die ersten Uhren mit LCD-Anzeige auf den Markt gebracht, und man ermunterte auch Stöcklis Team da einzusteigen. «Doch wir blieben bei den Zeigern und überlebten, während andere eingingen.»

Aber die Muntelierer Uhrenproduktion machte noch einmal eine revolutionäre Neuerung mit. Für die Marke Derby entstanden an der Fabrikstrasse in Muntelier die ersten Plastik-Analog-Uhren. «Wir waren praktisch die Ersten, die von Metall auf Plastik umgestellt haben», sagt Stöckli.

Zu klein für Swatch

Allerdings sollte diese letzte technische Erneuerung auch Vorbote für den endgültigen Niedergang sein. Ende der 70er-Jahre tauchte die Schweizer Uhrenindustrie in eine neue tiefe Krise. Die grossen Uhrenhäuser schlossen ihre kleinen Ateliers. Im Jura waren gewiss 20 solcher Produktionsstätten betroffen; einzig die grossen Fabriken wie Fontainemelon blieben erhalten. So entschloss sich die Ebauches SA auch zur Schliessung ihres Ateliers in Muntelier und einer weiteren kleinen Filiale in Sugiez.

«1983, das war das Ende der Uhrenfabrik in Muntelier», schliesst André Stöckli. «Ende 1982 erhielten alle Angestellten die Kündigung mit Sozialverträgen, teils einen Monat, teils zwei Monate. Ich versuchte alle noch unterzubringen. Als wir die Kündigung schrieben, kontaktierten wir auch den Gemeinderat, ob dieser auf irgendeine Weise einsteigen würde. Der Syndic und der Gemeindeschreiber sagten aber, dies ginge nicht.»

André Stöckli selber arbeitete 1983 noch zwei bis drei Wochen am Ebauches-Sitz in Marin, ging dann aber als technischer Assistent zur Swatch nach Grenchen. Die Ebauches SA ging in der späteren Swatch Group auf. Es war die Zeit, als Nicolas Hayek mit der Billiguhr Swatch die Schweizer Uhrenindustrie zu neuer Blüte führte. Die Art und Weise, wie Swatch produzierte, hatte nichts mehr mit der herkömmlichen Uhrenmanufaktur zu tun. Swatch führte die vollautomatische Produktionskette ein; alle fünf Sekunden kam eine neue Uhr heraus. Dafür wurde eine 75 Meter lange Maschine eingerichtet, welche im ehemaligen Timor- und Ebauches-Gebäude in Muntelier keinen Platz gehabt hätte. Allerdings sagt Stöckli, dass bei Swatch schon kurz später auch nicht mehr alles automatisch war. So zwischen 1985 und 1990 eröffnete Swatch wiederum kleinere Ateliers.

Als die Angestellten der Ebauches SA in Muntelier Ende 1982 die Kündigung erhielten, ergab sich für Atelierchef Arthur Mohler die Gelegenheit, ebenfalls nach Marin arbeiten zu gehen. Für Olive Fehr, die nur halbtags arbeitete, habe sich ein Wechsel nach Marin nicht gelohnt. Und dennoch konnte sie in Muntelier bleiben.

Gilbert Montani hatte das Gebäude der Ebauches SA abgekauft, und als diese Firma Muntelier verliess, eröffnete im Obergeschoss Jean-Claude Langmeier ein Uhrenatelier. Langmeier hatte in La Chaux-de-Fonds ein Atelier gehabt, und nun machte er in Muntelier Terminage-Arbeiten für grössere Häuser unter dem Namen «Langatronic». Doch auch dies dauerte nicht lange, sagt Olive Fehr: «Der machte auch Pleite, und dann war wieder fertig.»

Schliesslich war Marcel Rossier der Letzte, der in Muntelier noch Uhrwerke herstellte. André Stöckli sagt, er habe Rossier die Montagehalle übergeben und ihm von Grenchen aus noch Werke zum Montieren geliefert. Rossier war schliesslich auch noch kurz in Courgevaux tätig, aber das war dann nur noch eine Beschäftigungstherapie. «Am Schluss musste ich noch seine Maschinen ‹verschutten› », so André Stöckli.

Olive Fehr war bis Ende 1989 in der Muntelierer Uhrenproduktion tätig gewesen. Dabei hatte sie sechs verschiedene Arbeitgeber: Bernheim, Michelin, Puthod, Ebauches, Langmeier und Rossier. Das frühere Fabrikgebäude der Timor ging im Mai 1989 in Flammen auf. Als die Angestellten am Morgen zur Fabrik kamen, sagte ihnen Feuerwehrkommandant Markus Sommer: «Ihr müsst nicht zur Arbeit, ihr habt heute frei.»

Der Brand vom Mai 1989 bedeutete das definitive Ende der Uhrenherstellung in Muntelier.

Das Dorf und seine Fabrik

MUNTELIER VERDANKT DER FABRIK VIELES: LOUIS DE FUNÈS, EINEN EDLEN TROPFEN, HEIMARBEITER, RUBINE UND SIEGERPREISE

14

Uhr für das Westschweizer Schwingfest 1911. Unter der Leitung von Nationalrat Constantin Dinichert organisierte Muntelier anstelle von Lausanne innert kürzester Zeit den Anlass. Die ersten fünf Kranzgewinner bekamen eine Festuhr. Diese ist nicht bezeichnet, stammt aber sicher aus der Muntelierer Uhrenfabrik.

«Wir waren Statisten im Atelier am Arbeiten. Einer ging durch die Reihen der Arbeiter, und plötzlich knallte es. Wir durften nicht ‹erchlüpfe›, aber es passierte trotzdem. So mussten wir die gleiche Szene etwa drei Mal drehen», erinnert sich André Stöckli an jenen Tag um 1960, als er vom Uhrenarbeiter plötzlich zur Filmfigur wurde.

Dreharbeiten in der Uhrenfabrik: Einmal beim Eingang, einmal im Büro des Direktors und einmal im Atelier.

«Ja, sie filmten in der Fabrik», weiss Arthur Mohler. «Wir mussten extra für die Dreharbeiten an einem Samstagnachmittag arbeiten gehen.»

Die Filmcrew stellte die Kameras auch vor dem Herrenhaus auf, in welchem der junge Arzt Nicolas Marchand seine Murtner Praxis hatte. «Es war Slapstick pur», so Marchand. «Eine Szene haben sie unzählige Mal gefilmt. Der Held der Geschichte fährt in einem offenen Cabrio vor, das Auto hält an, er steigt aus, läuft zum Haus hoch. Doch einmal hat das Auto zu früh gehalten, dann zu spät, und dann fuhr ein Velofahrer vor der Kamera durch.»

Es sei eine kleine Filmequipe gewesen, etwa sechs, sieben Personen, so Marchand. Sie filmte mit Handkameras, nichts auf Schienen. «Der Film entstand ohne grossen technischen Aufwand; die Schauspieler waren auch nicht berühmt.»

Nicht berühmt? Dies sollte sich bald ändern. Eine der Hauptfiguren des Films «Dans l'eau qui fait des bulles» (Das Wasser mit den Luftblasen) durchläuft eine bemerkenswerte Schauspielkarriere: Louis de Funès (1914-1983).

De Funès spielt im Film die Rolle des Fischers Paul Ernzer, welcher mit seiner Angel eine Leiche aus dem Murtensee zieht. Die Leiche, Jean-Louis Preminger, ist dem Fischer Ernzer nur allzu bekannt, schuldet er diesem doch eine hübsche Stange Geld. Ernzer versucht die Leiche vor der Grengspitze loszuwerden, legt aber irrtümlicherweise ein Feuerzeug mit seinen Initialen in die Taschen des Toten. Die Leiche taucht immer wieder auf, und jeder, der sie findet, scheint ein Motiv gehabt zu haben, Preminger umzubringen. Dazu gehören auch ein paar Schmuggler, welche Uhren aus der Muntelierer Fabrik über die grüne Grenze nach Frankreich zu bringen versuchen.

Insgesamt erscheint die Uhrenfabrik Muntelier in drei Szenen des Films: einmal im Büro des Direktors, einmal vor dem Fabrikeingang auf der Seite Fabrikstrasse und einmal bei einem Gang durch das Atelier der Uhrenfabrik. Die Szene mit den Schüssen im Uhrenatelier erscheint im Film nicht mehr. André Stöckli und seine Arbeitskollegen waren also umsonst «erchlüpft».

Eine Hauptfigur im Film «Dans l'eau qui fait des bulles»: Louis de Funès.

Der Schriftsteller und der Fabrikdirektor – zwei, die das Leben in vollen Zügen genossen

Der Film «Dans l'eau qui fait des bulles» geht auf einen Roman und ein Drehbuch des Autors Marcel G. Prêtre zurück. Prêtre hatte die Geschichte in seinem Buch «La Chair à Poissons» (1957) niedergeschrieben, welche allerdings rund um den Neuenburgersee angesiedelt war. Dass die Filmversion dann kurzerhand an den Murtensee verlegt wurde, hängt gewiss mit der Freundschaft Prêtres zum damaligen Direktor der Uhrenfabrik Timor, Ernest Michelin, zusammen.

Prêtre, selber Sohn eines Uhrenfabrikanten aus dem Neuenburgischen, verbrachte rund ein Jahrzehnt in der Murtenseeregion, wohnte eine Weile im Hotel «Vieux Manoir» in Merlach, mit dem ihn auch eine enge Beziehung zur damaligen Hotelbesitzerin verband. Man traf Prêtre und Michelin oft zusammen im «Vieux Manoir», viele Abende und Nächte verbrachten sie aber auch in der vom frischen Hotelierpaar Fasnacht neu eröffneten Bar des Hotels «Bad», wie Virginia Fasnacht bestätigt. Man habe damals eine rassige Barmaid gehabt. Und der Fabrikdirektor Michelin teilte mit dem Schriftsteller Prêtre eine ausgeprägte Vorliebe für das andere Geschlecht ...

Der Roman von Marcel Prêtre als Grundlage zum Film.

Für Nicolas Marchand war Marcel G. Prêtre ein begnadeter Geschichtenerzähler mit überbordender Fantasie. Seine Geschichten notierte Prêtre nur auf kleine Zettel, und diese Zettel gab er dann weiter an Ghostwriter, die für ihn schrieben. Manchmal diktierte er die Geschichten auch per Telefon. Einer der Ghostwriter war ein Lehrer aus der Broyeebene, ein anderer war Frédéric Dard, ein französischer Bestsellerautor, dessen Krimiserie San Antonio Millionenauflage erreichte. Dard, welcher im Juni 2000 im Freiburger Dorf Bonnefontaine verstarb, soll Prêtre ausgeholfen haben, wenn dieser gerade einen Mangel an Inspiration hatte. Dard Kenner sind sich einig, dass dieser für Prêtre auch das dem Film zugrunde liegende Buch «La Chair à Poissons» geschrieben hatte.

Jedenfalls war Prêtre für Nicolas Marchand ein Lebemann, wie es sie zu jener Zeit in der Region Murten ein paar gab. Timor-Direktor Ernest Michelin mag wohl von der Figur Prêtre fasziniert gewesen sein, der sich als Grosswildjäger in Afrika, als Sieger der Rallye Monte Carlo, als Segler und Schütze einen Namen gemacht hatte. Als Prêtre in fortgeschrittenem Alter einmal bei einem Tennismatch stürzte, beklagte er sich, er habe sein Gedächtnis verloren und bezog darauf anderthalb Millionen von der Versicherung für den «Verlust der intellektuellen Kapazität», bezeugt Nicolas Marchand.

Doch mit Prêtre war nicht immer gut Kirschen essen. Wie André Stöckli sagt, habe Prêtre einmal bei einem Streit mit Timor-Direktor Michelin aus Wut mit einem Elefantengewehr in den See hinaus geschossen. So kurz sich Michelin im Glanze Prêtres sonnen konnte, so kurz währte dann auch der Glanz der Uhrenfabrik Timor. Der Film geriet wieder in Vergessenheit, selbst wenn sich eine ganze Reihe Muntelierer Uhrenarbeiter auf ewig in einem Film mit dem Komiker Louis de Funès auf Zelluloid gebannt fanden.

Wächter zwischen Fabrik und Dorf

Die Uhrenfabrik hatte ein Tor, das die Fabrik vom Dorf trennte. Wer zur Arbeit ging, trat durch das Tor, ging seine Karte stempeln und setzte sich an den Arbeitsplatz. Wer hingegen nicht in der Fabrik arbeitete, betrat kaum einmal eines der Uhrenateliers. Über Eintreten und Draussenbleiben bestimmte der Portier Pierre Hans. Doch dieser war sowohl trennendes wie verbindendes Element zwischen der Fabrik und dem Dorf.

Die Fabrik mitten im Dorfkern von Muntelier. Um 1958.

Pierre Hans hatte zwei dicke Freunde: Adolf Werro, der Schreiner, bei dem alle Muntelierer den Sarg anfertigen liessen, und Samuel Fasnacht. Zu dritt trafen sich die drei einmal vor dem «Hechten», um 300 Flaschen im Brunnen zu waschen und anschliessend den neuen Jahrgang des «Clos du Clocheton» von Portiers Fabrik-Reben abzufüllen, weiss Erwin Fasnacht, Enkel eines Fabrikarbeiters. Das Abfüllen geschah im Keller des Giauque-Hauses am Raffort, doch bei 89 abgefüllten Flaschen war zur gegenseitigen Empörung bereits Schluss. Sie beschimpften einander, weil sie schon vor dem Abfüllen den restlichen Wein getrunken hatten.

Für den Schreiner Werro, immer mit einer Schürze unterwegs, war die Uhrenfabrik auch ein wichtiger Auftraggeber. Er war es, der die Holzkisten zimmerte, mit denen die Montilier Watch ihre Uhren in die ganze Welt an ihre Kunden verschickte. Ansonsten gab es wenig lokale Gewerbetreibende, welche direkt von der Fabrik Aufträge erhielten. In späteren Jahren hat der Bäcker Alfred Gehrig zusammen mit seiner Frau Mina auf einem Backblech Brötchen in die Znünipause gebracht, doch ein Geschäft war dies nicht. Gemäss der Schwiegertochter Ottilie Gehrig hätten die Uhrenarbeiter ihr Znüni oft in einem Büchlein aufschreiben lassen, aber plötzlich arbeiteten diese nicht mehr in der Fabrik, und das Geld war verloren. Weiter ist bekannt, dass Kunden und Vertreter der Montilier Watch im «Weissen Kreuz» in Murten untergebracht wurden, oder dass die Fabrik bei ihrem Verwaltungsrat Joggi Metalle bezog. Aber das war eher die Ausnahme.

Wie der Schreiner Werro ging bei den Portiers auch Trudy Giauque ein und aus. Sie war oft mit Marie Hans zusammen, der Tochter des Portiers, mit der sie zusammen bei «Jungfer Beerli» zur Schule ging. Giauque erinnert sich, wie in der Essstube der Portiers ein grosser Tisch stand. Dort hätten oft jene Fabrikarbeiter gegessen, welche über Mittag nicht heim konnten. «Frau Portier machte dazu immer Tee und gekochte Milch mit Nidle drauf. Portiers Söhne zankten regelmässig um die Nidle», so Giauque.

Diese Erinnerungen von Trudy Giauque fallen noch in die Zeit, als Constant Dinichert Montilier-Direktor war: «Dinichert hatte sein Büro gleich oberhalb der Portiers. Es hiess dann immer, man dürfe nicht laut sein, wenn der Herr im Hause sei.»

Die Kinder der Portiers wurden öfters für Lieferungen mit dem schwarzen Berner Sennenhund Barry, Velo und Wägeli losgeschickt. «In der Mitte hatte das Wägeli ein Loch», so Trudy Giauque. «Da konnte das Wichtigste versenkt werden. Marieli sagte immer, da rein komme ‹söttigs, wo viel chostet›.»

Spätabends, mit einem Glas Benzin am Etabli

Trudy Giauques Vater, Alfred Werro, geboren 1883, hat als Acheveur in der Uhrenfabrik die Uhren von Grund auf zusammengesetzt. Sein Bruder hatte die Sekundarschule in Murten absolviert und konnte so in einer Buchdruckerei arbeiten, Alfred Werro aber ging nicht in die Sek, und so kam für ihn fast nur die Uhrenfabrik in Frage. «Alles ging in die Uhrenfabrik, was nicht gerade einen Beruf gelernt hatte.»

Doch Alfred Werro wollte nicht sein Leben in der Fabrik verbringen. Er kaufte 1923 das Domon-Haus mit dem kleinen Laden an der Hauptstrasse. «Vater sagte immer, wenn wir das Haus übernehmen, müssen die Kinder auch arbeiten», erzählt Giauque. «Mama war eher diejenige, die sich um den Laden kümmerte. Sie war eine liebe Frau, und die Kunden kamen nicht zuletzt wegen ihr. Doch Vater hatte neben dem Lädeli noch ein Etabli in der Wohnstube. Es hatte immer ein Glas Benzin da und Sägemehl, um die Teile zu putzen und anschliessend mit einem Pinsel sauber zu wischen.»

Wie Giauque sagt, seien dies aber rein private Aufträge gewesen, Reparaturen und Reinigungen. Uhren von Privatkunden seien fast nie in der Fabrik geflickt worden, sondern meist bei Leuten wie ihrem Vater zuhause, oft abends unter dem Lämpchen mit dem grünen Schirm. Später hätte ihr Vater das kleine Uhrenatelier im Stöckli hinter dem Haus eingerichtet. Er habe sogar auf Inserate bis nach Biel geantwortet, um auch von dort noch Aufträge zu bekommen. Heimarbeit habe in ihrer Familie überhaupt Tradition gehabt. Schon ihr Grossvater sei jeweils mit dem Velo über Land in kleine Dörfer wie Ried gefahren, habe Uhren zur Reparatur geholt und die geflickten wieder zurückgebracht.

Tatsächlich war Heimarbeit ein wichtiges Standbein der Muntelierer Uhrenproduktion. Wenn im Zusammenhang mit Montilier Watch von bis zu 600 Angestellten die Rede war, so sind darin die zahlreichen Heimarbeiter inbegriffen. Oftmals erarbeiteten sich da ganze Familien ein zusätzliches Einkommen. Gemäss Trudy Giauque hätten auch ihre Söhne noch zusammen mit dem Grossvater Schräublein eingesetzt.

Ein alltägliches Bild in Muntelier zur Zeit der Uhrenindustrie: Heimarbeiter am Etabli.

Im Leiterwägeli in die Uhrenfabrik gezogen

Gegenüber des Hauses von Alfred Werro fabrizierte ein gewisser Gilgen Uhrensteine. «Auf der unteren Seite unseres Hauses war ein Schopf, und oben drauf eine Veranda. Dieser Teil diente Gilgen als Budeli mit Maschinen drin», sagt Hans Fasnacht. Der Anbau sei 1963 abgerissen worden.

«Gilgen war ein Kettenraucher, den konnten sie in der Fabrik nicht gebrauchen», so Fasnacht. Gilgen habe beim Grossen Moos nahe des Chablais-Waldes gewohnt, aber Hans Fasnachts Eltern hätten ihm das Budeli vermietet. Hans Fasnacht: «Er hat hier über Jahre Rubinsteine geschliffen. Es wusste fast niemand, dass er dies hier machte. Die Steine sind nämlich ziemlich teuer; je mehr Steine in einer Uhr waren, umso teurer auch die Uhr.»

Fast Tür an Tür zu Gilgen, im Dachstock des heutigen Gemeindehauses, wohnte der Uhrmacher Alfred Lüthi. Die ehemalige Fabrikarbeiterin Vreni Wieland sagt, Lüthi habe wie viele Uhrmacher, insbesondere die älteren, in Heimarbeit Uhren geflickt. Sie habe ihn immer bewundert, wie er die Treppe neben dem Gemeindehaus hochging, obwohl er lahmte. Wenn er in der Fabrik arbeitete, musste er gleich nochmals eine lange Treppe hoch, weil er im oberen Geschoss in der Montage arbeitete, so Wieland.

Hedi Lüthi glaubt hingegen nicht, dass ihr Schwager zuhause noch für die Fabrik gearbeitet hat. Alfred Lüthi, Jahrgang 1900, war das älteste von neun Geschwistern ihres verstorbenen Gatten, des Muntelierer Milchmannes. Wenn Alfred Lüthi zuhause gearbeitet hat, so habe er dies für sich selber getan. Hedi Lüthi hat noch Uhren ihres Schwagers geerbt, eine Taschenuhr und eine Pendeluhr. «Aber diese Uhren durften nicht mit einem Zifferblatt der Montilier versehen sein, weil sie eben zuhause gemacht wurden.»

Der Uhrmacher Alfred Lüthi sei von klein auf am Stecken gegangen, sagt Hedi Lüthi. Ob es die Kinderlähmung gewesen war oder etwas anderes, weiss sie nicht. «Im Winter, wenn es Schnee oder Eis hatte, mussten die Buben ihn jeweils im Leiterwägeli in die Uhrenfabrik ziehen.»

Giovannina Stöckli, die nach Kriegsende in der Timor arbeitete, war eine Nachbarin von Alfred Lüthi. Sie sah, wie Leute dem Uhrmacher Uhren zum Flicken brachten. Dessen Frau Olga hingegen kümmerte sich um den Garten unter dem Brünneli, aus dem der jetzige Gemeindeparkplatz geworden ist.

Auch bei Stöckli zuhause trug der Schwiegervater mit einem kleinen Bauernbetrieb unterhalb des Wohnhauses zum Unterhalt der Familie bei. Es habe dort einen Stall gehabt mit zwei Kühen, Schweinen und Hühnern. Als Stöckli aufgrund der Schwangerschaft bei Timor aufhörte, wollte die Firma ihr ebenfalls noch Arbeit nach Hause geben. «Ich sagte, ich könne nicht, weil es in diesem alten Bauernzimmer zu wenig Licht hatte.»

Nebenerwerb für die Fischer bei Seegfrörni

Selbst die Fischer waren bisweilen froh, wenn sie etwas Geld in der Uhrenfabrik hinzugewinnen konnten. Vor allem in den kalten Wintern gab es sonst für sie fast nichts zu verdienen. Elisabeth Fasnacht, die Frau des letzten Muntelierer Berufsfischers Roger Fasnacht, sagt, dass die Fischer insbesondere bei Seegfrörni keine Arbeit hatten, manchmal mit knapper Not noch die Netze aus dem See ziehen konnten: «Roger heizte in den 60er-Jahren die Fabrik, als sie schon Walter Leemann gehörte. Er heizte, bis der See wieder offen war. Oft hat er mit Kohle und langen Holzscheiten die ganze Nacht durchgeheizt, denn in der Uhrenfabrik war man bei der Arbeit am Sitzen, und da musste gut geheizt sein.»

Roger Fasnachts Grossvater sei Uhrmacher gewesen, so seine Witwe Elisabeth, aber dieser sei trotzdem immer wieder auf den See gegangen. Dessen drei Söhne Gustav, Reinhold und Walter machten das, was das Dorf an Erwerbsmöglichkeiten bot: Reinhold fischte, Walter bauerte und Gustav war in der Fabrik. Doch Elisabeth Fasnachts Schwiegervater Gustav ertrug das Fabrikleben nicht besonders gut: «Er hatte ständig Kopfweh, und die Nase lief. Vermutlich hat er die Dämpfe von den Ölen für die Maschinen nicht vertragen. Der Arzt sagte ihm, er müsse auf den See.»

Das Einkommen der Familie von Hugo und Ernst Etter mütterlicherseits kam ebenso aus einer bunten Palette an Arbeiten zusammen. Grossvater Hermann hatte bis 1923 die Dorfbäckerei geführt, bis das Hotel «Bad» plötzlich zu viel Miete verlangte, und er sich entschied, im Schloss bei «besseren Leuten», den Dinicherts, den Garten zu machen. Er konnte dafür im Schloss auch einen eigenen Blätz Garten bewirtschaften, so dass die Familie immer

Der gravierte Staubdeckel dieser vernickelten Lépine weist auf das Muntelierer Schwingfest 1911 hin. Siehe auch Abbildung Seite 180.

eigenes Gemüse hatte. Dazu habe Grossvater Hermann geheut, indem er an der Dorfstrasse mit einem Netz und Bambusstecken eine Heubühne baute, und er kümmerte sich um Rebgüter im Schloss Löwenberg.

Hugo und Ernst Etters Mutter Rosa hatte zwei Schwestern: Jenny und Irene. Sie wuchsen im Veyre-Haus gleich unterhalb der Uhrenfabrik auf, in dem sich auch das «Café de l'Industrie» befunden hatte. Jenny arbeitete selber in der Uhrenfabrik; sie war damit die einzige der drei Schwestern mit einem fixen Lohn – etwas, dass es in Muntelier ausserhalb der Uhrenfabrik kaum gab. Rosa hat geschneidert, Irene betrieb zuhause einen Coiffeur-Salon. Unter der Woche war es eher ein Damensalon, am Samstag kamen die Männer zum Rasieren, einige nach Feierabend direkt aus der Uhrenfabrik.

Daneben machten alle drei Schwestern Heimarbeit für die Uhrenfabrik. Sie sollten Leuchtzifferblätter mit Radium bemalen. Hugo und Ernst Etter haben zwar nie gesehen, wie ihre Mutter Rosa zuhause mit dem Pinsel das Radium aufmalte, weil ihr Mann nach der Geburt der Söhne dies nicht mehr wollte. Rosa habe aber möglicherweise schon als Schulmädchen Radium gestrichen, denn es sei eine typische Frauenarbeit gewesen, für das es einen Tisch, etwas Licht und eine ruhige Hand brauchte, und man im Stücklohn bezahlt wurde.

Mit Uhrensteinen eine Marktlücke entdeckt

Für Heimarbeit eignete sich die Herstellung von Uhrensteinen bestens. Diese Steine benutzte man in der Uhrenindustrie ab 1850, um die Uhrwerke zu lagern. Ursprünglich verwendete man echte Rubine, welche im Verlaufe der Zeit durch künstliche verdrängt wurden. Die Schweizer Uhrenindustrie des 21. Jahrhunderts verwendet jährlich 600 bis 700 Millionen Uhrensteine, alle etwa 0,3 Millimeter dick, in die 0,06 Millimeter grosse Löcher gebohrt werden.

Das Potenzial von Uhrensteinen hatte in Muntelier Paul Helfer entdeckt. War die Produktion von Uhrensteinen ursprünglich Teil von Montilier Watch, wurde sie später im Auftrag an spezialisierte Firmen ausgelagert.

Paul Helfer war 1889 in Pruntrut geboren, doch nach dem Tod seines Vaters kehrte die Mutter mit den Kindern in ihre Heimat Murten zurück. Helfer hatte in Biel und im Elsass eine Uhrmacherlehre gemacht. Seine Mutter und seine Schwester starben kurz nacheinander, er aber nahm schon bald bei der Montilier Watch eine leitende Stellung ein. Im Büro der Montilier lernte er Flora Fasnacht kennen, die er 1912 heiratete.

Doch die Jahre um den Ersten Weltkrieg waren eine schwere Zeit für die Montilier-Fabrik.

So entschloss sich Helfer zur Selbständigkeit. Er mietete sich im oberen Stock des alten Kramer-Hauses ein, das unterste Haus rechts am Muntelier-Bach. Dort begann er mit einem Atelier für Uhrsteine und liess dabei eine breite Fensterfront einbauen, um genügend Licht für die feine Arbeit zu haben. Helfer ging daraufhin auf Auftragssuche in den Jura, wie sich seine Tochter Irma Glauser erinnert.

Paul Helfer wurde so neben der Uhrenfabrik zum zweiten industriellen Arbeitgeber in Muntelier. Seine Enkelin Rosmarie Strickler sagt, Helfer sei immer Chef gewesen; die Feinarbeit mochte er nicht so. Er habe Kontakte zu Lieferanten und Abnehmern gepflegt. Mit seinem «Budeli» habe er im Schatten von Montilier gutes Geld verdient und sich in Murten Ansehen verschafft. Montilier-Direktor Charles Christen sei ein guter Freund Helfers gewesen, aber Helfer belieferte die Munteliere Fabrik nicht mit Uhrensteinen. Montilier Watch bezog diese aus Lucens bei Robert Reymond, der auch Verwaltungsrat der Montilier war. Helfer hingegen produzierte für die Büren-Watch oder auch Manufakturen in Biel und Tavannes.

Das Uhrenstein-Atelier im Kramer-Haus stellte für Helfer einen bescheidenen Anfang dar. Es habe nur vier Arbeiter gehabt. Immer wieder kam dabei Helfers soziale Ader zum Vorschein. Rosmarie Strickler: «Sie arbeiteten sogar samstags, doch bei schönem Wetter gingen sie mit den Angestellten schon mal aufs Land picknicken. Nach Arbeitsschluss haben sie öfters gemeinsam gesungen. Grossvater spielte Mandoline, Grossmutter die Zither.»

Das erste Uhrenstein-Atelier im Kramerhaus.

Pierriste Helfer – Hunderttausende Rubine für die Uhrenindustrie

Entscheidend für Paul Helfers geschäftlichen Erfolg war, dass er ein Tüftler war, so Romarie Strickler. Wie sie von ihrer Tante erfuhr, hat Helfer an einer Maschine gepröbelt, einer eigenen Erfindung, und seine Frau half ihm dabei. «Er sagte, wenn diese Maschine vom Patentamt angenommen würde, gebe er Zeit seines Lebens 10 Prozent der Einkünfte an Arme und Bedürftige. Das tat er dann auch.»

Das Patent verkaufte Paul Helfer an Tanner Frères in Lucens, einer Steinschleiferei für die Uhrmacherei und Edelsteinbranche. Mit dem Erlös aus dem Patent kaufte Helfer ein Haus an der Unteren Längmatt an der Grenze zu Muntelier, erstellte dort ein neues und grösseres Atelier für die Uhrenstein-Produktion. Das Haus befindet sich weiter im Familienbesitz und die charakteristische Fensterfront für das Atelier ist bis heute zu sehen. Übrig geblieben ist gar ein kleines Couvert mit Rubinen und der Aufschrift «Madagaskar».

Gemäss Rosmarie Strickler arbeiteten im neuen Atelier gegen acht Personen, dazu viele Heimarbeiter. Helfer habe Heimarbeit bis nach Adelboden vergeben. Die Arbeit an den Uhrensteinen muss man sich äusserst heikel vorstellen. Wie sich Irma Glauser erinnert, habe man die Rubine nicht schleifen müssen, wohl aber Löcher hineinbohren. Am Etabli, auf den niedrigen drehbaren Stühlen hätten die Angestellten, Lupe im Auge, Löcher in den harten Stein gebohrt, die auf den Tausendstelmillimeter genau sein mussten. Die fertigen Steine kamen dann auf ein Stück Linoleum, das mit Vaseline beschichtet war, damit die Steinchen nicht wegrollten. Die Abnehmer in der Uhrenindustrie waren sehr anspruchsvoll. Wenn bei einer Lieferung von 100 000 Steinchen eines nicht sauber gebohrt war, sei die Sendung vom Kunden wieder zurückgeschickt worden.

Paul Helfer wurde in der Längmatt mit Uhrensteinen zu einem wichtigen industriellen Arbeitgeber der Region.

Diese Arbeit war nicht jedermanns Sache. Rosmarie Strickler weiss etwa, dass der legendäre Murtner Zeichnungslehrer Werner Liechti bei ihrem Grossvater gearbeitet hatte. «Die Arbeit war für ihn als Künstler besonders schlimm.»

Auch Stricklers Vater arbeitete bei ihrem Grossvater als Pierriste, was ihm gesundheitliche Probleme brachte. Strickler: «Ein Bild ist mir aus jener Zeit geblieben, wie mein Vater auf einem kleinen WC mit Salpetersäure Reagenzgläser gewaschen hat. Die Schürze war dadurch ganz zerlöchert und er selber bekam Bronchialasthma.»

Das Ende des Uhrensteinherstellers Helfer kam, als er ins Pensionsalter kam. Die Manufakturen, welche Helfers Steine übernommen hatten, bekamen Ende der 1960er-Jahre immer mehr Probleme. Es kam zu Fusionen in der Branche, einige Firmen gingen ein, und Paul Helfers Sohn, der eigentlich den Betrieb hätte übernehmen sollen, ging zur Laubscher arbeiten.

Fabrikarbeiter, Ehrenoberturner, Gemeinderat

Der Pierriste Paul Helfer war in der Region eine öffentliche Figur, nicht nur durch seinen Einsatz für Bedürftige, sondern auch als Bank-Verwaltungsrat und Kirchgemeinderat. Damit reihte er sich ein in eine ganze Reihe Persönlichkeiten aus der Uhrenindustrie, welche in einem öffentlichen Amt Verantwortung übernahmen.

Im Unterschied etwa zu den Fischern hatten die Fabrikarbeiter eine geregelte Arbeitszeit und eine körperlich weniger anstrengende Tätigkeit. Es blieb so Zeit und Energie, sich nach Feierabend noch mit anderem zu beschäftigen. Zeitweise hat es etwa eine Musikgesellschaft aus Fabrikarbeitern gegeben, wobei der welsche Einfluss sehr stark gewesen sein soll.

Vor rund 50 Jahren war Walter Urben im Muntelierer Gemeinderat, dazu ein passionierter Turner, Schütze und Eishockeyspieler, und überall war er von Arbeitern aus der Uhrenfabrik umgeben. «Solange die Uhrenfabrik existierte, hatte es immer Leute von dort im Gemeinderat. Sie waren Gemeindeschreiber, Gemeindekassiere und nicht selten auch Gemeindepräsidenten. So wurde immer für das Interesse der Fabrik geschaut», sagt Urben. Die Basis dafür sei nicht selten in den Vereinen gelegt worden: «Der Turnverein bestand zeitweise fast nur aus Fabrikarbeitern; auch bei den Schützen und im Männerchor waren sie sehr aktiv. Und zudem galt zu jener Zeit: Wer nicht in einem Verein war, kam nicht in den Gemeinderat.»

Emil Kramer etwa sei Oberturner gewesen und auch Gemeindepräsident. Auch der spätere Atelier-Chef der Timor, Arthur Mohler, gehörte dem Muntelierer Gemeinderat an. Oder Ernest Etzensberger: 1942 begann er in der Uhrenfabrik Muntelier zu arbeiten, er wirkte bei den Turnern mit, bei den Schützen, im Männer- und später Gemischten Chor Muntelier, und 1949 wurde Etzensberger Muntelierer Gemeindeschreiber. Nebst der Fabrikarbeit erledigte er für die Gemeinde die Schreibsachen erst im Nebenamt, dann im Halbamt. Die Gemeindeschreiberei übergab Etzensberger erst nach 36 Jahren in jüngere Hände. Der Uhrenarbeiter wurde bei den Turnern, Schützen und Sängern Ehrenmitglied, und die Gemeinde verlieh ihm das Ehrenbürgerrecht.

Muntelierer Ehrenbürger wurden ebenfalls der frühere Fabrikdirektor und Nationalrat Constantin Dinichert, sein Vorgänger Etienne Ovide Domon oder der langjährige Angestellte der Montilier Watch und Verfasser einer Dorfchronik, Ernst Löffel.

Die engen persönlichen Beziehungen zwischen Uhrenfabrik, Vereinen und Gemeinde gehen bis auf die Anfangszeiten der Fabrik zurück. Beispielsweise arbeitete August Fasnacht-Coendet die gesamte erste Hälfte des 20. Jahrhunderts in der Uhrenfabrik. Daneben wirkte der Fabrik-Heizer als geselliger Mensch in verschiedenen Vereinen mit. Gemäss seinem Enkel Jürg Fasnacht war August Fasnacht Tenor im Männerchor, in jüngeren Jahren Ringer und Oberturner, ab 1918 Ehrenmitglied im Turnverein. Für die Gemeinde wirkte er als Gemeinderat und schliesslich als Gemeindepräsident. Auch August Fasnachts Sohn und Enkel waren später Gemeindepräsidenten in Muntelier.

Fand einmal ein Schützenfest oder ein Turnfest im Dorf am See statt, so lockten Uhren aus der Fabrik im Dorf als begehrte Siegerpreise auf dem Gabentempel. Man konnte als Preise Wecker oder Pendulen gewinnen, und wenn einmal eine solche nicht mehr funktionierte, so brachte man sie beispielsweise dem Grossvater von Walter Urben, Viktor Fasnacht. Dieser flickte die Uhren in Heimarbeit. Er war, auch wenn er in seiner Jugend wegen Röteln ein Auge verloren hatte, ein guter Schütze und ein geschickter Handwerker.

Taschenuhr mit Wecker, verchromt, Radiumzeiger und -Zifferblatt. Um 1940.

Zeitlos

15

ETABLI UND E-BAY, RÄDCHEN UND REBEN – DIE MUNTELIERER UHRENFABRIK HAT IHRE SPUREN BIS HEUTE HINTERLASSEN

Tisch-Pendulette, Art déco, von Montilier gefertigt für das Freiburger Schützenfest 1934 in der bedruckten Originalbox. Verchromtes Gehäuse, schwarzes Zifferblatt mit aufgemalten Indizes. Diese Schützenuhr gehört zu den schönsten Penduletten der Muntelierer Fabrik.

Christophe Grimm nahm ein paar Federchen in die Hand, drehte sie prüfend zwischen den Fingern, öffnete eine Schublade des Etabli, dann fiel sein Blick auf eine Uhr. Er bekundete Interesse. «Nein, die können Sie nicht haben, das ist eine Eisenbahneruhr. Die habe ich als Geschenk erhalten», sagte Max Fasnacht bestimmt. Grimm insistierte, nannte einen Betrag, den er zu zahlen bereit gewesen wäre. Fasnacht blieb kategorisch: die Uhr sei unverkäuflich.

Max Fasnacht hat in Muntelier das letzte Uhrmacher-Atelier geführt. Noch nach seiner Pensionierung bei der Bieler Uhrenfabrik «Milus» habe er für diese Firma Reparaturen gemacht. Wenn man 30 Jahre für eine Firma arbeitet, mit den Patrons gut auskommt, dann brechen die Kontakte auch nach der Pensionierung nicht ab. Nur wohnte Max Fasnacht nicht mehr in Biel, sondern am Fischergässli in Muntelier, und neben der kleinen Treppe zum Hauseingang prangte ein Holzschild: «Uhrmacher».

Max Fasnacht war der letzte Uhrmacher, der in Muntelier noch ein kleines Atelier betrieb.

Nicht nur sein ehemaliger Arbeitgeber, auch die Leute aus dem Dorf haben Max Fasnacht bis fast zu seinem Tod mit 90 Jahren Uhren gebracht, um sie reparieren zu lassen. So behielt Max Fasnacht sein Uhrenatelier mit dem Etabli, dem Lämpchen, mit der grösseren Schublade für die Werkzeuge – Lupen, einen kleinen Drehstock, Batterietester, Messgeräte – und mit den kleinen Plastikschubladen mit Stiften, kleinen Werken, Zifferblättern, Zeigern und Uhrengläsern. Sogar ein Gerät besass er, durch das man Papierstreifen führt, in die dann Löcher gestanzt werden, um zu kontrollieren, ob eine Uhr vor- oder nachgeht.

Er zeigte eine Armbanduhr, die früher eine Uhr für die Westentasche gewesen war. Man habe dann später einfach ein Armband an die frühere Taschenuhr montiert. Das leicht vergilbte Uhrenglas sei das einzige an der Uhr, das aus der Montilier-Fabrik stammt, so Fasnacht. Er habe kein Original-Uhrenglas in der richtigen Grösse gehabt, so habe er ein bisschen improvisieren müssen. Etwas wehmütig fiel sein Blick zurück auf die Zeit, als die Muntelierer Fabrik ihre Pforten schloss: «Es verschwand vieles, als die Fabrik zuging. Ich habe einen Fehler gemacht, ich hätte auch klauen können. Aber ich wollte damals kein Schelm sein.»

Die Zeit war gekommen, das letzte Atelier in Muntelier zu räumen. «Ich bin froh, dass es wegkommt», so Max Fasnacht. Viele Sachen würden quasi nicht mehr gebraucht. Er selber trug wohl stets eine mechanische Uhr zum Aufziehen, aber die meisten Uhren, die ihm zur Reparatur gebracht wurden, waren solche mit Batterien.

Dazu kam, dass Fasnachts Augenlicht nachgelassen hatte. Der Uhrmacher musste sein Metier aufgeben.

So lud Max Fasnacht Christophe Grimm aus Biel ein, das zu kaufen, was dieser aus dem kleinen «Budeli» in Muntelier gebrauchen konnte. Grimm zeigte sich recht zufrieden: «Das Material ist gut, es ist sehr sauber. Das geht weiter.» Christophe Grimm hat sich das Kaufen und Verkaufen von Uhrmachermaterial zu seinem Broterwerb gemacht. Ersatzteile, Werkzeuge, Bestandteile. «Das Material lebt immer», zeigte sich der Bieler überzeugt. «Schweizer Material ist hochwertig. Ich kaufe und verkaufe es so billig wie möglich.»

Drei bis vier Mal im Jahr werde Grimm eingeladen, um so ein Atelier zu räumen. Wenn er wie bei Max Fasnacht eine alte Uhrmacher-Werkstatt geräumt hat, dann müsse er alles zunächst ordnen und eventuell ein bisschen renovieren. Zweimal im Jahr mache Grimm bei sich einen Einladungsverkauf. Da kämen Uhrmacher aus der ganzen Welt, versicherte er. Halbjährlich trifft man Grimm zudem mit seinem Uhrmacher-Material an der Puce in Aarberg, dem weit herum bekannten Flohmarkt. Über Internet verkauft Grimm nicht. «Ich habe Internet nicht gerne, lieber mag ich direkten Kontakt zu den Kunden.»

www.montilier.com

Auch wenn es nun das letzte Munteliierer Uhrmacher-Atelier nicht mehr gibt, so ist Montilier Watch und der Fabrikstandort Muntelier im Internet sehr präsent.

Da findet man beispielsweise unter www.montilier.com eine Uhrenkollektion der Marke «Montilier». Gemäss der Webseite handelt es sich um eine Neulancierung von «Montilier», deren Modelle «Confédération» getauft wurden. Sie umfasst drei Modelle in den Ausführungen Gelbgold, Rotgold und Weissgold. Die Webseite bezeichnet Montilier als Inbegriff für Schweizer Präzision und Qualität. Es kämen bei Montilier «edle Materialien und vollendete Handwerkskunst in Kombination mit einem sicheren Gespür für Stil» zusammen.

Hinter dieser Neulancierung von Montilier steht die «Montres Montilier GmbH» mit Sitz in Zürich, Handelsregistereintrag im Januar 2006 in Küsnacht. Zweck der Firma ist «die Herstellung und Handel mit Uhren und Schmuck der Marke ‹Montilier›».

Uhrmachermaterial – bei Max Fasnacht gekauft und an Berufsleute weiterverkauft.

Um 2005 kontaktierte im Namen dieser Firma ein Martin Heller unter anderem die Gemeinde Muntelier und das Historische Museum Murten, um Informationen und Bildmaterial zu sammeln. Auf eine telefonische Anfrage bei «Montres Montilier GmbH» hin hat Heller um Fragestellung per E-Mail gebeten. Die E-Mail-Anfrage wie auch ein späterer Kontaktversuch via Webseite blieben allerdings unbeantwortet.

Doch nicht alle Ausflüge ins Internet bleiben ohne Resultat. Immer wieder mal tauchen Montilier-Uhren auf Auktionsbörsen im Internet auf. Eine Momentaufnahme ergibt beispielsweise auf «eBay» eine «Montilier Antique Pocket Watch Gold» aus Kansas City, Missouri, USA. Oder das Angebot aus La Marque, Texas, für Montilier-Uhrenkristalle. Man könne damit alte, zerkratzte Uhren-Edelsteine ersetzen, um der Uhr wieder ein neues Aussehen zu geben. Ebenfalls per Internet ersteigern lässt sich ein Inserat der Montilier Watch Company aus dem Jahr 1951. Schliesslich preist ein Zürcher Antiquitätenhändler eine «seltene Schützen-Tischuhr mit 8-Tagewerk ‹Tir Federal Fribourg 1934›, signiert Montilier, im Format 13 x 17 Zentimeter» an.

Montilier Watch, made in Japan?

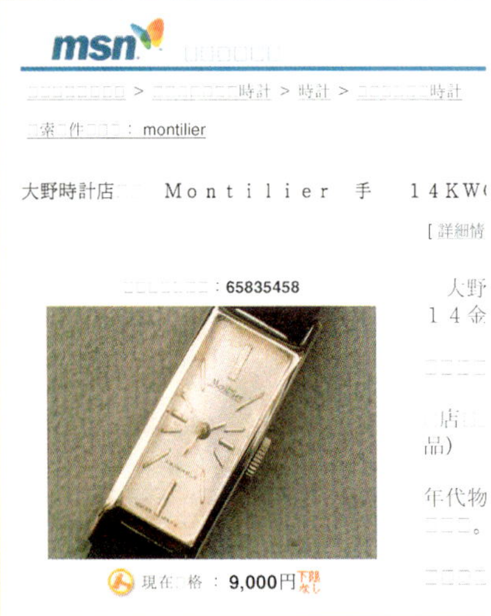

Eine Montilier-Uhr im Angebot auf einer japanischen Webseite.

Nebst dem Kauf von Montilier-Uhren und -Zubehör sind per Internet auch rudimentäre Informationen zur Geschichte von Montilier Watch verfügbar. Meist beschränken sich diese auf die allgemein bekannten Fakten. Die Webseite über die Schweizer Ortsbilder erwähnt zusätzlich den Abbruch der Fabrik sowie den Bau der Siedlung Marcoup.

Zusätzliche Informationen liefert die Webseite der «clock and watch makers of the world» für historische Recherchen. Die Webseite vermerkt die Erfolge der Muntelierer Uhren an den Weltausstellungen in Paris mit den Erwähnungen für «die exzellenten Uhrwerke». Wertvoll auf dieser Webseite sind die Firmenbezeichnungen, Markennamen und -zeichen, welche Montilier Watch zugeordnet werden können.

Immer wieder taucht Montilier Watch im Zusammenhang mit den Marken Adria und Adriatica auf dem Internet auf. Adriatica wird gemäss Wikipedia heute im Tessiner Dorf Dongio hergestellt, doch sei diese Marke eng verbunden mit der «Belle Epoque» der Montilier Watch vor 1931. Die Adriatica und deren Verbindung zur Montilier Watch sind auch den Uhrenliebhabern in osteuropäischen Ländern zugänglich. So wird diese auf einer ukrainischen Webseite als eine Kombination von «italienischem Geschmack mit Schweizer Qualität» präsentiert. Der russischsprachige Leser erfährt da über die Gründung der Montilier Watch Co. 1852 in der «Stadt Montilier».

Russische Webseiten wie «www.chasovmaster.ru» verweisen auf Kopien von Schweizer Uhren. Wer in St. Petersburg die Kopie einer Uhr kaufen will, soll unter anderem auch die «weltweit bekannte Produktion der japanischen Firma Montilier Watch» finden. Der ungenaue Umgang mit Fakten geht im Fall dieser Webseite einher mit dem wirr geschriebenen, weil vom Computer ins Russische übersetzten Text.

Montilier-Uhren sind auch mehr als 50 Jahre nach der Schliessung der Firma gerade in Muntelier noch sehr präsent. Jürg Fasnacht schätzt seine Tischuhr zum Schützenfest besonders, und auch die Jubiläumsuhr seines Grossvaters August Fasnacht ist immer noch in Familienbesitz und funktioniert einwandfrei. «Mein Grossvater war stolz, als er sein 50. Arbeitsjubiläum in der Fabrik feiern konnte», so Jürg Fasnacht. «Damals war es üblich, dass man eine spezielle Golduhr als Geschenk entgegennehmen durfte.» Auf der Rückseite der Uhr ist folgende Inschrift eingraviert: «Montilier Watch Co S.A. A. Auguste Fasnacht 1902 – 1952».

Erwin Fasnacht, dessen Grossvater in der Fabrik gearbeitet hat, besitzt ebenfalls noch eine Montilier-Uhr. «Es war mein Konfirmationsgeschenk. Im Dorf war es üblich, dass man eine Muntelierer Uhr zur Konfirmation erhielt.» Die Fischersfrau Elisabeth Fasnacht zeigt ebenfalls auf eine kleine Uhr, diese jedoch von der Nachfolgefirma «Timor». Die Uhr sei ein Preis bei einem Schiessen gewesen.

Jacqueline Jaggi, Tochter des ehemaligen Fabrikdirektors Christen, bewahrt ihre Montilier-Uhren in einem Bank-Tresor auf. Sie präsentiert drei dieser Uhren: «Die erste habe ich von Monique Fürst, von der früheren Bäckerei Fürst. Ich hatte mich früher ihrer angenommen, und deshalb schenkte sie mir diese goldene Taschenuhr mit dem Champagne-Zifferblatt. Die zweite, eine Armbanduhr, hatte ich meinem Mann zum Geburtstag geschenkt. Sie ist nicht so gross, wir hatten auch nicht so viel Geld, aber sie ist doch aus 18 Karat Gold. Die dritte Uhr, eine silberne Taschenuhr, ist extraflach. Es war Papas Werktagsuhr; er trug sie in der Gilettasche. Diese Uhren laufen alle noch.»

Ein Uhrmacher-Stühlchen findet sich noch in verschiedenen Muntelierer Stuben.

Die Uhren bewahrt Jaggi in den Original-Schachteln auf, in denen die Fabrik ihre Uhren an die Kunden geliefert hat. Sie holt auch ein kleines Tüchlein hervor mit dem Aufdruck «Montilier», einer abgebildeten Taschenuhr sowie der Bemerkung «Montre de Précision», übersetzt in Deutsch, Italienisch, Englisch und Spanisch. Dieses Tüchlein diente den Angestellten oder dem Kunden, um Flecken von der Uhr abzuwischen.

Schleifspindeln, Kreuzschlitten, Nietbänkli

Werkzeuge aus der ehemaligen Uhrenfabrik Muntelier finden sich bei Robert Etzensberger. Sein Vater, der ehemalige Uhrenarbeiter Ernest Etzensberger, habe sich die Werkzeuge aus dem Nachlass von «Montilier Watch» gekauft. «Mit diesen Dingen hat mein Vater zuhause noch ein kleines Budeli eingerichtet. Die Firma war eigentlich schon zu, aber da hat man ihn doch noch einmal angefragt, 5000 Federlein zu machen für die Fabrik. Er hat dies in Heimarbeit getan.» Vom Murtner Pendulier Jean-Louis Allemann hat sich Etzensberger die Werkzeuge seines Vaters benennen lassen: eine Handkurbel-Drehbank, Schleifspindeln, eine mit einem Kreuzschlitten, ein Nietbänkli, einen Pressstock, eine Achs-Distanz-Lehre oder einen Rundlaufzirkel.

Ernest Etzensberger hat sich bei der Liquidation der Montilier Watch Werkzeuge gekauft.

Immer noch gebraucht werden die alten Werkzeuge bei Werner Habegger in Murten. In seinem Haus Richtung Burg nimmt der Uhrmacher aus der Zeit der Direktoren Christen und Grünig weiterhin Uhren auseinander, flickt und revidiert sie. Dazu dient ihm aus der alten Uhrenfabrik seine technische Dokumentation sowie Muster mitsamt Massen und Kalibern von Antriebsrädern, Reduktionsrädern, Schwingmassenrädern, Spannklinken, Unruhwellen, Aufzugswellen, Zugfedern und vielen anderen Uhren-Bestandteilen.

Ein typisches Relikt der Uhrenfabrik ist zudem der bekannte Uhrmacher-Stuhl: dreibeinig aus Holz mit runder Sitzfläche, welche dank Gewinde in der Höhe individuell einstellbar ist. So fand jeder und jede Angestellte die richtige Sitzhöhe, um mit den hochgestellten Ellbogen am Etabli die Augen auf Höhe des Uhrwerks zu haben. Die richtige eingestellte Höhe des Stuhls war absolut notwendig, um Nackenschmerzen zu vermeiden.

Ein solches Uhrmacher-Stühlchen steht im Gang von Giovannina Stöcklis Wohnung. Die ehemalige Timor-Arbeiterin sagt: «Ich konnte es mit nach Hause nehmen, weil es neue Stühle gab.» Solche mit Rückenlehnen. Ein weiteres Exemplar findet sich auch gegenüber im Domon-Haus, auf dem Balkon im Innenhof von Trudy Giauque. Der Stuhl ist ein Überbleibsel aus der Werkstatt ihres Vaters in der Wohnstube. Heute dient der Uhrmacher-Stuhl als Unterlage für einen Blumentopf.

Ein komplettes Sortiment für allerlei Reparaturen bei Werner Habegger.

Reben vom Weingut der Fabrik

Spuren der Uhrenfabrik sind auch im Muntelierer Ortsbild erhalten geblieben.

Tatsächlich wurde von der früheren Uhrenfabrik Muntelier 1980 nicht alles abgebrochen. Übrig geblieben ist der direkt an der Fabrikstrasse gelegene südöstliche Teil der ehemaligen Fabrik, gleich links des beim Brand zusammengebrochenen Türmchens. Zur Zeit der Uhrenproduktion als Büroteil dienend, machte der spätere Käufer Walter Leemann daraus ein Wohnhaus. Leemanns Frau Hedy erinnert sich: «Wir hatten die Fabrik soeben für die Fabrikation der Sinar-Fotoapparate übernommen, wir standen am Fenster und schauten hinüber aufs Schloss Muntelier, da lief der Kunstmaler Fernand ‹Teddy› Giauque vorbei. Er schaute rauf und fragte uns: ‹Wohnt Ihr jetzt da oben?› Da schauten mein Mann und ich uns an und sagten: ‹Ja, das ist doch eine Idee!›.»

Später, als Leemanns Unternehmen Konkurs gegangen war und der Unternehmer Werner Wigger das ganze Gelände für den Bau der Siedlung Marcoup ersteigert hatte, war das Wohnhaus ihm und den am Bau beteiligten Personen erneut nützlich. «Wir wollten die alte Hütte behalten», so Wigger. «Es war zuvor ein Wohnteil gewesen, und wir haben es während der Bauzeit des Quartiers als Baubüro benutzt. Danach haben wir es als Wohnhaus wieder verkauft. Der Gedanke, das Haus als Andenken an die alte Uhrenfabrik zu behalten, spielte für uns keine Rolle.» Mittlerweile ist das Haus renoviert und dient, schmuck eingerichtet, einem Architektenpaar aus dem Kanton Zürich als Zweitwohnung.

Unbekannt ist das Schicksal der Uhr mit der Glocke aus dem beim Brand zerstörten Türmchen. Man munkelte, dass Walter Leemann selber sich die Turmuhr unter den Nagel gerissen hat. Hedy Leemann verneint dies aber. Sie wisse auch nicht, was mit der Uhr passiert sei.

Dafür aber fanden ein paar der roten Backsteine vom Kamin der Fabrik später eine neue Verwendung. Elisabeth Fasnacht sagt, ihr Mann Roger habe angefragt, ob er nicht ein paar von diesen speziellen Steinen für sich holen dürfe. Im Tausch gegen ein Kilo Egli war Leemann einverstanden, und Roger Fasnacht baute daraus in seinem Garten ein Cheminee. Das Cheminee existiert aber mittlerweile nicht mehr.

Im hinteren Fabrikteil hatte der Portier Pierre Hans einen kleinen Rebberg hochgezogen, aus dessen Trauben er einen feinen Tropfen gewann. Als der damalige Buchhalter Otto Borel im Murtner Tioleyres sein eigenes Haus baute, schenkte Portier Hans ihm zwei Reben davon. Diese Reben des Portiers werden von Annette und Pierre Borel weiterhin gehegt und gepflegt und schmücken den Zaun vor ihrem Haus im Tioleyres bis heute.

Wohnraum für die Angestellten

Die Rebe des Portiers der Muntelierer Uhrenfabrik wächst in der Murtner Tioleyres weiter.

Die Arbeiter der Uhrenfabrik lebten, sofern sie Muntelierer waren, über das ganze Dorf verteilt. Eine eigentliche Arbeitersiedlung war nie ein Thema gewesen; die Fabrik war harmonisch mit dem Dorf verwachsen. Einzelne Häuser stellte man lange in Verbindung mit der Uhrenfabrik; das Schloss Muntelier etwa, das über Generationen der Direktorenfamilie Dinichert als Sitz diente, das Domon-Haus gegenüber der heutigen Gemeindeverwaltung oder auch das Wohnhaus zwischen Bach und der Firma Ruetschi, in dem im Verlauf der Jahrzehnte immer wieder Fabrikangestellte wohnten.

Montilier Watch erstellte an der Unteren Längmatt in Murten Häuser fürs Personal. Drei Doppelhäuser nebeneinander liess die Fabrikleitung für höhere Angestellte bauen. Im hintersten der drei Häuser wohnte der Acheveur Heimoz, im mittleren der Fabrikationschef Gagg und zuvorderst die Familie von Direktor Charles Christen. Dessen Tochter Jacqueline Jaggi wohnt heute noch dort.

«Als mein Vater zur Montilier Watch kam, da bot ihm Direktor Dinichert drei Wohnungen an. Wir konnten wählen zwischen dem Schloss Muntelier,

Uhrenfirmen als Bauherren: Das Wohnhaus aus dem übrig gebliebenen Fabrikteil (l.), Timor-Häuser am Muntelierer Seeweg (2. v. l.) und Weidweg (2. v. r.), sowie das Wohnhaus für Kaderpersonal der Montilier Watch an der Murtner Längmatt (r.).

dem Schloss Murten und diesem Haus hier», sagt Jaggi. «Meine Mutter wollte keine feuchten Mauern, und so haben wir halt das Wohnhaus an der Unteren Längmatt ausgesucht.»

Man habe bei ihrem Wohnhaus unter dem Dach die Jahrzahl 1910 entdeckt, so Jaggi. Es muss das Baujahr der Montilier-Häuser sein. Die Uhrenfabrik habe die Häuser wohl gebaut, dann aber sukzessive an die Angestellten verkauft.

Die Idee, Wohnhäuser für die Angestellten zu bauen, wurde später von der Nachfolgefirma Timor wieder aufgenommen. So liess Timor-Direktor Jacques Bernheim ein Doppel-Wohnhaus am Muntelierer Seeweg bauen, wo die Angestellten Mohler und Dubois ab 1947 einzogen. Und auch am Weidweg entstanden Wohnhäuser für sechs Familien unter der Bauherrschaft von Timor. Gemäss Trudy Giauque hat ihr Mann, der langjährige Gemeindekassier Maurice Giauque, für Timor-Direktor Bernheim die Häuser verwaltet.

Es sei eine Firmenstrategie gewesen, die Wohnhäuser für Angestellte zu bauen, bestätigen Arthur Mohler und Olive Fehr, Atelierchef und Sekretärin bei Timor. Aus welchem Grund wissen sie nicht genau, es könnte aber steuertechnisch begründet gewesen sein. Auf jeden Fall verkündete Direktor Bernheim einmal bei einem Ausflug der Timor-Belegschaft einen Wettbewerb, um einen Namen für die Häuser am Weidweg zu finden. Olive Fehr hatte die zündende Idee, mit der sie wohl die Geschichte der Muntelierer Uhrenindustrie in einem Wort zusammenfasste: «Jurablick».

Muntelier

MIT WIRTSCHAFTSFÖRDERUNG DER ZEIT VORAUS

Muntelier, ein kleines Dorf am See, in dem sich Fischerei und Landwirtschaft zur Lebensgrundlage ergänzen? Nicht nur. Unter der ländlichen Hülle versteckt sich etwas ganz und gar anderes.

Und zwar ein Wirtschaftsbereich, welcher zu seiner glanzvollen Stunde eines Tages im Jahr 1851 kam: die Uhrmacherei. Daniel Gerhard Fasnacht, ein Landarzt, verliess Muntelier, weil er zuwenig Einkommen fand, und liess sich in La Chaux-de-Fonds nieder. Fasnacht entdeckte dort die Uhrenindustrie und vor allem eine gute Möglichkeit, die Muntelierer Bevölkerung im Winter zu beschäftigen. Er verlor keine Zeit und informierte den damaligen Gemeinderat, welcher umgehend die Herausforderung seinen Bürgern an einer Versammlung vorstellte.

Um von den Fachkenntnissen aus dem Juramassiv Nutzen ziehen zu können, organisierte Muntelier den Transport der Uhrmacher, schlug ihnen für die erste Zeit eine Steuerbefreiung vor und stellte ihnen gar noch Heizmaterial für den Winter zur Verfügung. Welch ein wunderbares Beispiel von Wirtschaftsförderung!

Urs Haenni und Markus F. Rubli, Co-Autoren dieses Buchs, berichten uns über diese vorbildliche Risikobereitschaft der Muntelierer anhand von Archivmaterial, mündlichen Überlieferungen sowie Fotografien von Corinne Aeberhard.

Einen herzlichen Dank an die Gemeinde Muntelier, an den Deutschfreiburger Heimatkundeverein sowie an die Verfasser und Illustratoren dieses Buchs. Sie erinnern uns an die Kühnheit eines Kantons, welcher es verstand, den Schritt der Industrialisierung mit einer Wirtschaftsförderung zu verbinden, und so seiner Zeit voraus zu sein. Ein schönes Beispiel, das uns noch heute inspiriert...

BEAT VONLANTHEN
Staatsrat
Präsident der Freiburger Regierung

Anhang

LITERATUR

Bergier, Jean-François: Die Wirtschaftsgeschichte der Schweiz. Zürich 1983.

Berner, Georges-Albert: Dictionnaire professionnel illustré de l'horlogerie, I + II, Biel 2002.

Bertschy, Anton/Charrière, Michel: Freiburg – ein Kanton und seine Geschichte. Freiburg 1991.

Buchs, Victor: La construction des chemins de fer dans le canton de Fribourg. In: Annales fribourgeoises 1932.

Donzé, Pierre-Yves: Histoire de l'industrie horlogère suisse. Neuchâtel 2009.

Donzé, Pierre-Yves: Les patrons horlogers de La Chaux-de-Fonds. Neuchâtel 2007.

Engelhard, Johann Friedrich Ludwig: Statistisch-historisch-topographische Darstellung des Bezirks Murten. Bern 1840.

Fallet, Estelle/Trisconi, Michela: L'horlogerie dans le canton de Fribourg. In: L'homme et le temps en Suisse, 1291-1991. La Chaux-de-Fonds 1991.

Fasel, Sylvie: Die Freiburger Cartonnage-Industrie. Freiburg 1995.

Grünig, Hugo: Centenaire de la fabrique d'Horlogerie Montilier Watch Co. S.A. Montilier-Morat 1852-1952. Biel 1952.

Henry Bédat, Jacqueline: Une région, une passion: l'horlogerie. Une entreprise: Longines. Saint-Imier 1992.

Gruner, Erich (Hg.): L'Assemblée fédérale suisse 1848-1920. Bern 1966.

Historisches Lexikon der Schweiz. Basel 2002ff.

Jaquet, Eugène/Chapuis, Alfred: Histoire et technique de la montre suisse. Basel/Olten 1945.

Löffel, Ernst: Muntelier – Das Dorf und seine Geschichte. Murten 1985.

Nouvelles Etrennes Fribourgeoises 1917. Fribourg (1916).

Nouvelles Etrennes Fribourgeoises 1941. Fribourg (1940).

Pritchard, Kathleen: Swiss Timepiece Makers 1775-1975. West Kennebunk/Neuchâtel 1997.

Richot, Marco: Omega, Geschichte einer grossen Marke. Biel 1994.

Schöpfer, Hermann: Der Seebezirk II. Kunstdenkmäler des Kt. Freiburg, Bd. 5. Basel 2000.

Tavel, Albert von: Bärnerläbe vor hundert Jahre. Langnau 1987.

Rubli, Markus F.: Eduard Kinkelin, der Maler des Murtenbietes. In: Seebutz 1981.

Rubli, Markus F./Stucki, Heini: Murten – Gegenwart und Vergangenheit. Murten 2002.

Rubli, Markus F.: Murten im Wandel. Murten 1983.

Stock, Friedrich: Murten. Europäische Wanderführer 103/104. Zürich (1886).

Turnverein Muntelier 1891-1991. Muntelier 1991.

QUELLEN

La Chaux-de-Fonds

Musée international d'horlogerie, Centre d'études Institut l'Homme et le Temps (verschiedene Auskünfte)
Bibliothèque de la Ville: Statuten «Société suisse d'horlogerie

Gemeindearchiv Muntelier
Gemeinderatsprotokolle, Unterlagen Ernst Löffel (mit Manuskript «Travail de bureau» von Yvonne Dinichert, 1936), div. Manuskripte Clary Fasnacht, Katasterpläne

Eidg. Institut für Geistiges Eigentum Bern
Recherchen Montilier-Patente

Handelsregisteramt des Kt. Freiburg
Handelsregisterunterlagen ab 1880er Jahre

Nationalbibliothek Bern
Lanz, Robert: Vie de l'aquarelliste suisse Edouard Kinkelin, Souvenirs, documents recueillis par son petit-fils R.L. (Manuskript, o.J.) Nationalbibliothek Bern, Ms K fol. 18 1

Staatsarchiv des Kt. Freiburg
Verzeichnisse Gebäudeversicherung, Notariatsregister Vacheron, Konkursakten Seebezirk

Stadtarchiv Murten
Rats- und Gemeinderatsprotokolle mit Korrespondenzbände, Verzeichnisse Einwohnerkontrolle, Protokolle des Verwaltungsrates der Ersparniskasse Murten, Jahrgänge «Der Murtenbieter», Dossier Uhrenindustrie, Katasterpläne

Sammlung Markus F. Rubli, Murten
Anwaltsdossier «Montilier Watch Co. S.A.» von Dr. Max Friolet, 1930/40er Jahre

Ferner: Internetseiten der Firmen Sinar, Turmix, Ruetschi, Montilier, sowie zur Verfügung gestellte Pressetexte aus Express (Biel), Freiburger Nachrichten, La Liberté, Blick, L'Impartial, Textsammlung 75 Jahre Smuv Sektion Murten, Schaltpunkt Saia Murten 1970

BILDNACHWEIS

Corinne Aeberhard: Uhr Umschlag, 8, 10, 12, 16, 18, 26, 30, 31, 34, 36, 43, 48, 61, 64, 65, 69, 72- 74, 90 rechts, 93-98, 103, 106, 108-114 unten, 115, 116 links oben und unten, 117, 118, 123 rechts, 125, 126, 128, 129 rechts oben, 131, 132, 136 oben, 139, 141, 143, 144, 153, 154, 163, 164, 166, 167, 174, 180, 189, 192, 195, 196, 201, 202-205

Mark Beach: 187

Film «Dans l'eau qui fait des bulles», Kerfrance Productions (1961): 182, 183

Freiburger Nachrichten: 179

Urs Haenni: 198, 199

Jubiläumsbroschüre «Centenaire de la fabrique d'Horlogerie Montilier Watch Co. S.A. 1852-1952»: 32, 33, 85, 87 unten, 89, 122 oben links, 130, 136 unten, 137, 138

Gemeinde Muntelier: Umschlag Bild Atelier, 71, 87 oben, 100, 102, 114 oben, 121 oben rechts, 142, 168, 171, 173

Stadtarchiv Murten: 78, 169

Museum Murten: 81

Nationalbibliothek Bern: 76 unten

Privatbesitz: 11, 12 unten, 13, 14, 15, 17, 25, 28, 29, 35, 54, 76 oben, 83, 86, 88, 104, 105, 116 oben rechts, 122 unten, 134, 140, 147, 148, 150, 156, 157, 159, 160, 176, 178, 185, 187, 191, 202

Sammlung Markus F. Rubli, Murten: 3, 18, 21, 26, 30, 34, 36, 38, 41, 46, 48, 52, 56, 59, 61, 63, 65, 67, 69, 74, 90, 91, 93-98, 103, 106, 108, 109, 110-114 unten, 115, 116 oben links, 116 unten, 117-121 oben links und unten, 122 oben rechts, 123-132, 135, 136 oben, 139, 141, 143, 144, 153, 154, 163, 164, 166, 167, 174, 180, 189, 195, 196

Schaltpunkt Saia: 146

Die beiden Autoren bedanken sich herzlich für die vielen Informationen und die Unterstützung bei ihren Recherchen, die sie über Jahre hinweg von verschiedenen Leuten und Institutionen erhalten haben. Da das Archiv der Uhrenfabrik Muntelier 1963 durch den Brand zerstört worden ist, waren alle diese Hinweise besonders wertvoll.